U0333002

油气储层的地震评价

Niranjan C. Nanda 著

韩宏伟　程远锋　张云银
王兴谋　梁鸿贤　杨宏伟　译

中国石油大学出版社
CHINA UNIVERSITY OF PETROLEUM PRESS

Springer

图书在版编目(CIP)数据

油气储层的地震评价 /（印）尼兰吉安·南达著；
韩宏伟等译. --青岛 ：中国石油大学出版社,2019.12
　书名原文：Seismic Data Interpretation and
Evaluation for Hydrocarbon Exploration and
Production
　ISBN 978-7-5636-6603-4

　Ⅰ. ①油… Ⅱ. ①尼… ②韩… Ⅲ. ①油气藏－地震
勘探－研究 Ⅳ. ①P618.130.8

中国版本图书馆 CIP 数据核字(2019)第 263607 号

ISBN 978-3-319-26489-9　ISBN 978-3-319-26491-2（eBook）
DOI 10.1007/978-3-319-26491-2
Library of Congress Control Number：2015957432
Springer Cham Heidelberg New York Dordrecht London
© Springer International Publishing Switzerland 2016

著作权合同登记号：图字 15-2019-87 号

书　　名：油气储层的地震评价
　　　　　YOUQI CHUCENG DE DIZHEN PINGJIA
作　　者：Niranjan C. Nanda
译　　者：韩宏伟　程远锋　张云银　王兴谋　梁鸿贤　杨宏伟
责任编辑：方　娜(电话　0532—86983559)
封面设计：赵志勇
出 版 者：中国石油大学出版社
　　　　　(地址：山东省青岛市黄岛区长江西路 66 号　邮编：266580)
网　　址：http://www.uppbook.com.cn
电子邮箱：zyepeixun@126.com
排 版 者：青岛天舒常青文化传媒有限公司
印 刷 者：泰安市成辉印刷有限公司
发 行 者：中国石油大学出版社(电话　0532—86983560，86983437)
开　　本：185 mm×260 mm
印　　张：12.25
字　　数：315 千字
版 印 次：2019 年 12 月第 1 版　2019 年 12 月第 1 次印刷
书　　号：ISBN 978-7-5636-6603-4
定　　价：98.00 元

大学生和石油工业界的新员工在课后经常问我,能否推荐一本地震数据解释和评估方面的参考书。老实说,我难以回答,因为我还不知道是否有这方面的书。解释是一项艺术性工作,很大程度上取决于个人的洞察力,或许是由于这个原因,很难将其中的方法明确地表达出来。

解释任何数据,尤其是用于石油勘探开发的地震数据,其目的都是要得出一个令人信服的结论性意见,在逻辑上又符合地质意义,能够对远景区进行技术和经济风险评估,以便可以制定出油田勘探开发方案。这里需要强调一下,解释和评估是两个不同的概念。举例来说,识别和绘制出断层并不代表解释工作的完结,更重要的是,解释人员需要评估断层的地质意义,确定其在油气产生和资源潜力、圈闭、运移、聚集、开发方面的意义。

本书是为石油工业界的从业人员、学生、地质科学家和工程师而写的,侧重地震数据解释和评估工作,其中评估工作的意义更加突出。这里假定读者在学校已经掌握了地质学和地球物理学的基本理论和公式,因此本书不再重复这些基础知识。不过,由于地震分析人员必须掌握地球物理、地质和油藏工程的基本概念,以便对多学科数据进行综合解释和评估,因此本书也会适当地介绍相关的基本思想。

我一直给石油地质学和地球物理学的研究生授课,本书基本上是在讲义基础上扩展而来的。需要附带说明的是,本书反映了我个人对地震数据解释和评估工作的见解,是我多年从事石油勘探开发工作经验的积累。年轻的从业人员需要具有更加独立的见解、缜密的逻辑分析能力、理论结合实践的能力,这样才能运用自己的知识完成目标。

总之,本书致力于让读者在最短的时间内掌握地震数据解释和评估工作的精髓,高效地完成自己的目标,这也是油气勘探开发的目标。对年轻的地质科学家和工程师来说,希望本书能够激励他们,使他们增强独立思考与质疑的能力,在职业生涯中不断取得辉煌的成就。

Niranjan C. Nanda

印度 Cuttack

致 谢

地震解释是一项艺术性工作,需要积累经验才能掌握这项技术,这也是我在印度石油天然气公司(ONGC)工作多年所取得的认识。我是在 ONGC 工作了 37 年后退休的,但是我对地震解释的爱好促使我又担任了项目顾问并在印度高等院校授课,目前我乐在其中。Satinder Chopra 是我昔日在 ONGC 的同事和朋友,目前就职于加拿大 Calgary 的 Arcis Seismic Solution(简称 ASS,是 TGS 的一个部门),几年前,他建议我将多年从事地震解释工作的经验写成书。在他的一再督促下,我最终承担起了这项任务。从一开始,Satinder 就提供了无微不至的帮助,无论是精神上还是实质上都使这项工作得以进行下去。他包容和一丝不苟地审阅了手稿,以使本书呈现在读者的面前。我要忠心地感谢 Satinder。

我诚挚地感谢 ONGC、加拿大 ASS、印度 Hardy Energy、国际勘探地球物理学家学会(SEG)、美国石油地质学家协会(AAPG)、Earth Magazine,以及 Rob Stewart、Frisco Brower、Paul Groot、Jon Downton 等作者授权我在本书中使用了他们的许多例子。我还要感谢一位年轻的朋友,就职于 Saturn Energy Solutions(位于印度 Hyderabad)的 Ravi Kumaer 为本书提供了许多图片。

感谢 Springer 出版社非常利落地对手稿进行了出版印刷。我要特别感谢 Hermine Vloemans 和 Petra van Steenbergen,她们付出了极大的努力和耐心,使得本书得以出版。

最后,我要感谢我的妻子,她对我退休后从事这项写作工作给予了理解和慷慨的支持,以及无私的奉献,使我有勇气完成本书。我还要感谢我的两个女儿,她们很体贴地给了我一台笔记本电脑,并告诉我如何打字,使我具备了基本的计算机操作技能。

Niranjan C. Nanda
印度 Cuttack

Contents | 目 录 <<<

第二部分 开发地震学

第一部分

勘探地震学

第一章　地震波传播与岩石和流体的性质

地震波在地壳岩层内传播的过程中会出现能量损耗,因此需要知道能量耗散的类型和机理以了解其地质意义。

振幅和速度是地震波的固有性质,会受到所经过岩石的性质的影响。地震波的振幅和速度主要受岩石弹性和密度的影响,当然,岩石的其他性质也会影响地震波的传播特性,比如孔隙度、组构、裂纹、饱含的流体类型、黏度、环境压力和温度。

既然本书讨论地震数据的地质解释,那么就有必要先介绍一下地震勘探以及岩石物理的基本原理。因此,本章会回顾一下地震波传播及相关岩石物理方面的基本知识,着重回答下列与地震解释有关的关键问题。

地震波是如何在地下岩层介质中传播的?

地震波的能量是如何衰减的?

地震波的基本性质有哪些?

岩石和流体的哪些性质会影响地震响应?

1.1　地震波传播

地震波是在固体岩石中传播的弹性波。当岩石受到外部压力波作用时,岩石质点就会发生位移,将能量向邻近的岩石质点传播,通过质点的运动,地震波就能够在岩石中继续传播下去。在固体岩石内部存在两种类型的地震体波,即纵波(初至波,或称压缩波)和横波(续至波,或称剪切波)。不过,流体中只能传播纵波。

地震波在地下传播的过程中会遇到一些不连续性地质体,比如两个具有不同物理性质的岩石地层的界面,这时就会在界面处产生一些波动现象,比如反射、衍射、吸收、散射和透射(折射)等。在两个岩层的界面处,一部分入射能量被反射回地面,其余的能量通过透射进入下部的地层中。用于油气勘探的地震方法主要是地震反射方法,即利用反射回地面的纵波能量来研究地下问题。地震记录中也含有反射横波的能量,在某些情况下也会对横波信息加以利用来得到地下的信息。我们将在第九章中更具体地讨论地震横波的问题。

当地震波(地震脉冲)携带能量在地下固体介质中传播时,根据岩石及所含流体性质的不同,能量会发生不同程度的损失(衰减)。能量损失是一种自然现象,由几种不同类型的能量损失共同组成,了解每一种损失类型背后的物理机理有助于解释岩石的性质。

1.2 能量损失

1.2.1 吸收

地震震源在地面被激发后,能量波就会向地下传播,经由地下一个又一个质点的运动将振动延续下去。在这个过程中,有一部分能量会被衰减掉,在摩擦作用下机械能转换成热能而损失掉,发生摩擦的位置包括岩石颗粒接触面、孔隙和裂纹以及孔隙流体。这种摩擦损失主要是由岩石颗粒间的相对运动造成的,被称为吸收作用。虽然孔隙流体所引起的吸收作用相对要小一些,但是摩擦损失也与流体性质有关,如流体饱和度、渗透率和黏度。固体岩层的吸收作用与地震波频率成正比,在流体中则与地震波频率的二次方成正比(Anstey,1977)。

吸收作用是非弹性的,对不同频率的地震波来说,地层的吸收效果也不同,震源子波中高频成分的损失更大,因此越往深处地震子波的高频能量越少,子波就会呈现出更低的主频和振幅(见图 1.1)。在较浅的风化层中吸收作用非常强,随着深度的增加吸收作用变弱。在干燥岩石中,吸收损失程度更大,在饱含流体的岩石中则较小,因为有了流体的润滑作用,吸收损失就会降低(Gregory,1977)。在深海中地震波的主频并不低,说明由海水吸收作用而造成的能量损失可忽略不计。但是,在油气部分饱和的储层中,由于流体和固体间的相对黏滞运动,会存在一定程度的吸收衰减现象。

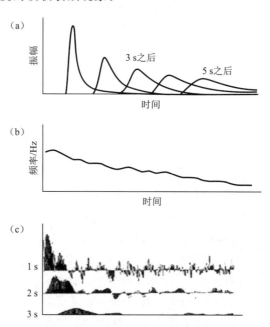

图 1.1 波传播过程中由于吸收作用,波的能量发生损失的示意图。(a) 随传播时间的增加振幅降低;(b) 随传播时间的增加频率降低;(c) 地震波形随时间的变化。(改编自 Anstey,1977)

1.2.2 散射

散射损失是一种弹性衰减,与频散有关,频散是指用不同频率的波去测量岩石,所得到的速度也是不同的。散射损失是无规则的能量频散,是地层中存在非均质体而引起的,在地震记录剖面中通常被当作是一种噪声。有时将散射损失和吸收损失统称为衰减。非常小的地质体会倾向于散射地震波的能量,由此而形成衍射信号,而不是连续的反射轴。构造变形严重的地区所出现的断层和裂缝、窄河道、尖的丘体等地质特征都会形成散射效应。

1.2.3 透射

当地震波穿过岩层界面时,有一部分能量会被反射回地面,因而透过界面继续向下传播的能量就减弱了,这种能量损失被称为透射损失。强反射界面,如石灰岩地层顶面或火山岩侵入体的顶面,会将大部分能量反射回去,透射的能量很微弱,下部地层的反射质量很差,会出现成像模糊的现象。不过,Anstey(1977)阐述过,强反射界面可能不是造成强透射损失的唯一原因。透射损失也可能是由薄互层引起的,即使单个界面的反射系数并不高,但是如果反射极性相反,复合波的振幅也会很弱,造成能量损失。

透射损失会降低所有频率的地震波的反射振幅,它对频率没有选择性,这与吸收作用是不一样的。地震波在穿过多个薄层时,也可能会造成振幅的加强,如果这些薄层的反射极性是相同的,彼此干涉在一起,复合波的振幅就会得到增强。但是振幅的叠加会造成波形频率的降低,从效果上来看与吸收作用很相似。显然,地震子波出现了变化,但是很难区分是由吸收损失造成的还是由透射损失造成的。

1.2.4 球面(几何)扩散

一般将地震波传播的波前看成是球面的,当地震波离开震源点向外传播时,随着传播距离的增加,地震波的能量就会降低。这也被称为几何损失,与地震波传播路径的几何形状有关。损失与地震波离开震源的传播距离有关,传播速度越高,单位时间内的传播距离就越远,损失也就越大(见图1.2)。

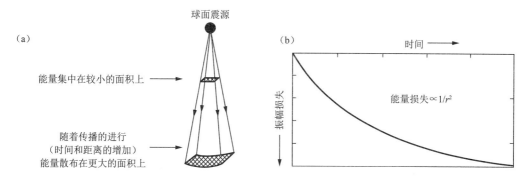

图1.2 波传播过程中由于球面扩散效应而导致的能量损失。(a)球面波在传播过程中会出现能量损失,随着传播时间的增加,能量会分散在一个更大的面积上;(b)传播距离越长,能量损失越大。(改编自 Anstey,1977)

1.3 能量衰减的地质意义

地层中出现的能量衰减损失,除了能够降低反射波的振幅之外,还会减少地震波的频率成分,同时,速度频散效应也会降低地震波的速度。同时测量衰减和速度信息就能够预测地下岩石和流体的性质。另外,衰减造成地震子波频率成分的减少和振幅的降低,会影响到反射波形。从波形的变化推测传播损失就能够预测地下岩石和流体的性质。因而,通过衰减分析能够得出一些重要的地质结论。

如果由于吸收作用而造成了大量的能量损失,那么据此就可以推断出特定的储层岩石类型和组成结构。未压实的、含裂缝的以及分选差的岩石含有棱角状的颗粒接触关系,这种岩石的摩擦作用就强,吸收损失就大(Anstey,1977)。相反地,分选和胶结良好的岩石吸收损失就小。

如果在地震记录中发现透射能量损失较大,这种地层可能是薄互层,且各个界面的反射极性是相反的,比如三角洲旋回内的砂岩和页岩交互沉积的薄互层。这种旋回是潜在的地质目标,油气勘探会关注于此。

地层内的非均质体会造成散射损失,这也是储层具有非均质性的线索,意味着在陆相沉积环境下沉积相的突变。散射损失也会造成差的地震反射或空白反射,比如在构造运动强烈的地区会存在混乱的地质体,为了得到清晰的地震图像,需要合理地设计采集系统并采用恰当的处理技术。

但是,实践中是很难测量能量损失的。我们无法区分吸收损失和透射损失,因为二者对地震波会造成相似的改变。另外,解释人员一般也没有时间和机会深入了解地震数据处理过程,所以无法识别和量化损失。不过,在条件允许的情况下,比如在地质情况已知的地区,勘探目标较浅,也拥有高分辨率的海上地震数据,通过专门的处理技术就有可能识别出特定的能量损失。这有助于解释地层岩石的类型和结构组成,不过也只是定性地进行解释而已。

1.4 地震特性

地震波传播具有两个重要的固有性质,对地震勘探技术来说是不可或缺的,包括(1)地震波的振幅,即陆上检波器所测量到的质点运动速度或者是海上拖缆调查中由水听器所测量到的声波压力;(2)地震波在岩层中的传播速度。质点运动速度($\mu m/s$)反映了地震扰动的幅度,而地震波在岩石中传播时扰动的速度也反映了地震波的速度(km/s)。振幅和速度是地震波的固有性质,变化范围也很广,这与岩石和流体的性质有关。

1.5 岩石和流体的性质(岩石物理)

通过研究地震波的传播过程可以推断出关键的地质信息,如岩石的类型及其所含流体的性质。岩石和流体的性质是多样的,它们对地震波造成的影响本质上又是很复杂的,想要破译并非易事。幸运的是,弹性和密度是岩石的两个主要性质,大多数岩石参数和流体参数都会影响到其中一个或两个性质,而这反过来又会直接影响地震波的固有性质,即速度和振幅。地震速度 v 是岩石弹性参数 E 和密度 ρ 的函数,由如下公式来表达:

$$v = \sqrt{E/\rho} \tag{1.1}$$

另一方面,地震波的振幅是界面两侧地层阻抗(速度 v 和密度 ρ 的乘积)的函数。

因此,可以从地震特性来推测岩石和流体的性质。简单地说,岩石是由其固体骨架、孔隙空间和所含流体组成的。所有的岩石和流体性质最终都会影响到弹性和密度,一个可能的解决办法就是分别研究岩石各个参数对弹性或密度所造成的影响,以便更好地理解地震响应特征。不过,接下来我们只介绍一些常见岩石和流体的性质。

1.5　岩石的性质

1.弹性

岩石的弹性定义了对外力的抵抗性能。控制地震波响应的两个主要的弹性模量分别是体积模量 k 和剪切模量 μ。对各种类型的地震波来说,弹性模量都是地震波速度的主控因素。对 P 波(纵波)来说,体积模量和剪切模量同时控制着地震波的速度,对 S 波(横波或剪切波)来说,只有剪切模量在控制速度。在各向同性介质中,P 波和 S 波的速度分别为

$$v_P = \sqrt{(k+4\mu/3)/\rho},\ v_S = \sqrt{\mu/\rho} \tag{1.2}$$

不可压缩性是理解弹性模量的一个简单办法。硬的岩石不容易被压缩,因为其体积模量(不可压缩性)高,地震波的速度也高。相反地,软的岩石容易被压缩,弹性模量就低,地震波速度也低。从地质的角度来看,弹性表明了岩石的软硬程度,它与岩性有关,通常随深度的增加岩石变硬。

2.体积密度

沉积岩石的体积密度是岩石固体骨架的密度和孔隙流体的密度的平均。岩石的密度是由单位体积的质量来定义的,一般会随着深度的增加而呈现出变大的趋势。这是岩石随着埋深的增加而逐渐被压实的结果(见图 1.3)。压实是一种成岩作用过程,随着时间(深度)的累积,上方沉积更多新的地层,上覆层压力不断增加,逐渐将沉积物空间中的水分挤出。压实良好的岩石的密度较大,未压实的岩石的密度一般较小。深处压实过的岩石,虽然具有更高的密度,但是速度仍然更高,这似乎是与上面的速度公式有些矛盾。其实不然,这是因为岩石在压实的过程中,相对于密度的增加,弹性模量增加的幅度更大,弹性模量对速度起到了主导作用。这里还需要指出,速度和体积密度没有直接的关系,尽管可以基于一些经验公式利用体积密度来预测速度的大小,但是这需要一些假设条件,比如目标设定为正常流体压力下的水饱和沉积岩(Gardner 和 Gregory,1974)。不过,从地震数据中预测密度仍然是一项艰巨的工作。

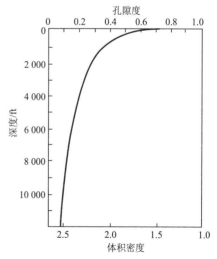

图 1.3　随深度的增加岩石密度变大的示意图。这是由于深度越大,岩石越被压实(正常压力下的成岩作用),压实作用也会导致孔隙度的降低。(根据 Anstey,1977)

3.孔隙度、孔隙(几何)大小和形状

对给定体积的岩石来说,孔隙度定义了孔隙所占的空间体积。一般来说,孔隙度的增加会使密度减小,以及弹性模量更大幅度的减小,从而降低了地震速度。尽管孔隙度和密度之间有一些关系,但是孔隙度和速度之间并没有内在的关系。

在不同类型的岩石中,孔隙度和孔隙空间的形状也是不同的。未固结砂岩和多孔的碳酸盐岩(海绵状孔隙度)具有开放的不规则孔隙,对部分胶结的沉积岩来说,其孔隙度是由粒间孔隙造成的。相反地,胶结砂岩和致密碳酸盐岩的孔隙空间可能主要是裂纹状的(裂缝孔隙度)。一般来说,地震速度既与岩石的组成成分有关,也与孔隙度的类型有关,孔隙度类型是由孔隙的几何形状所决定的。速度和阻抗等地震性质会随着孔隙度的增加而降低。

不过,从经验出发得到的时间平均方程(Wyllie 等,1956)将孔隙度和速度联系了起来,许多解释工作都会用到这个公式,即

$$1/v_r = (1-\phi)/v_m + \phi/v_f \tag{1.3}$$

式中　v_r,v_m 和 v_f——整个岩石、岩石固体骨架和孔隙流体中的波速;

　　　ϕ——孔隙度。

时间平均方程假定,地震波在整个岩石中的传播时间等于分别在固体骨架和孔隙流体中传播时间的总和(见图 1.4)。

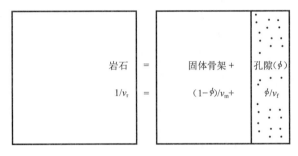

图 1.4　联系速度和孔隙度的时间平均方程的示意图。岩石是由固体骨架和孔隙空间中的流体这两种成分组成的。那么波在岩石中总的传播时间就可以看成是波分别在两种组成成分中单独传播时间的和。

不过,时间平均方程有几个假设条件,因此只适用于特定类型的岩石、特定的孔隙度范围、特定的流体类型和正常压力条件等。对于孔隙度较高的粒间孔隙、水或盐水饱和的砂岩、静水压力的情况,时间平均方程是适用的(Gregory,1977;Anstey,1977),但是对高孔隙、超压状态下的气饱和未固结砂岩来说,却未必是适用的。因此,在之前的应用过程中,人们对时间平均方程也做了多处修改(例如 Raymer 等,1980;Wang 和 Nur,1992)。

不过,速度更多地受孔隙形状的控制,而不是孔隙度的大小,因为孔隙形状决定了岩石抵抗外力的强度。例如,某个油藏的孔隙度并不高,但孔隙形状是扁平的(弹性模量小,抗压缩性不好),因此其地震速度并不高,而一个具有圆形孔隙的高孔隙度储层的速度却可能很高。

4.结构

岩石颗粒大小、磨圆度、分选度和胶结度定义了一个岩石的结构。岩石的弹性和密度与颗粒间的接触关系、颗粒的大小和棱角程度有关,不过棱角程度会随着胶结变好而失去意

义。粗粒的压实良好的砂岩一般具有较好的地震性质,因为颗粒间的接触面积较大,所以速度(或弹性)较高,阻抗(或密度)也较大,相反地,磨圆度较差的未固结砂岩通常具有较差的地震性质(Wang,2001)。

5.裂缝和裂纹的几何形状

岩石中如果存在开放型裂纹的话,地震性质会受到极大地影响。裂缝和裂纹会使得岩石的压缩性变好,这会极大地降低其速度和阻抗。例如,对含裂纹的碳酸盐岩储层来说,给定体积和体积密度的情况下,一群微裂纹和几个大裂缝所带来的孔隙度是相当的,但是微裂纹群对速度的降低会更加明显(Sayers,2007)。这对储层评价来说具有重要的意义,因为微裂纹群所造成的速度降低并不意味着储层的渗透率会更好,大裂缝才会带来更好的渗透率。

如果裂缝被胶结,与同深度的岩石相比,其地震速度就会变大。在构造情况已知的地区,利用这种速度异常就可以推测裂缝是否被胶结。与孔隙形状类似,裂缝和裂纹的几何形状是由扁平率来表示的,这会从本质上对岩石的地震性质造成重大影响,对狭长型裂纹来说,岩石的地震性质会较差。裂缝的数量和形状控制了岩石的弹性(柔度),从而主导了地震性质。

裂缝也会造成岩石的各向异性。构造应力会导致裂缝、裂纹和孔洞,从而改变岩石骨架的结构,造成地震各向异性,这带来了很大的技术挑战(更多的信息请参见第九章)。

1.5.2 流体的性质

1.孔隙流体和饱和度

大多数岩石的孔隙空间内都存在流体。流体的剪切模量一般可忽略不计,但是流体会改变岩石的体积模量,从而会改变与压缩性和密度有关的地震性质。对于水或盐水完全饱和的岩石来说,除了固体骨架外,水或盐水也可以抵抗外力的压缩,也会提高岩石的 P 波速度,不过仍然不如几乎不含流体的致密岩石的波速高。岩石孔隙内含石油的话,速度会比岩石孔隙内含水时略微有所降低,因为石油的体积模量虽然比水低,但是石油的密度更小,因此较难区分岩石内含水还是含石油。一般来说,岩石完全饱含液体的话就会表现出更高的地震性质(Wang,2001)。另一方面,天然气的体积模量最小(可压缩性最大),密度也最小,含气岩石的速度和阻抗都明显低于含水岩石和含石油岩石。即使含少量的天然气,储层的速度也会明显降低,在浅层的情况下尤其如此。总体上来看,随着深度的增加,饱含流体所造成的地震速度的变化越来越不明显(见图1.5)。

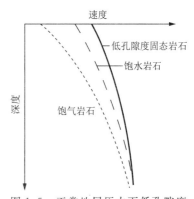

图 1.5 正常地层压力下低孔隙度固态岩石、饱水岩石和饱气岩石的速度随深度变化的示意图。浅层中速度增大快,深层则变化不大。(根据 Anstey,1977)

2.黏度

随着岩石内所含液态石油的黏度的增加,岩石的弹性和密度也会上升。重油的体积模量高,有时在孔隙空间内会表现得像半固态一样(Wang,2001)。含重油的储层会表现出更强的地震性质。

1.6 压力和温度

地下岩石主要受两种垂向应力的作用(假设忽略横向构造应力),即静岩压力(地应力或上覆层压力)和流体压力(孔隙压力),其中流体压力包括流体动力和静水压力。静岩压力是由重力而引起的向下的力,静水压力是由孔隙流体产生的上浮力,流体动力是流体流动引起的。静岩压力倾向于压缩孔隙,而流体压力则有助于保持孔隙,这两种压力的差被称为有效压力或压差(见图1.6),有效压力才是确定地震性质的关键因素。

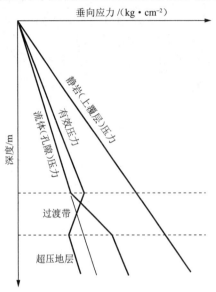

图1.6 静岩压力、流体压力和有效压力(静岩压力减去流体压力)的示意图。饱水欠压实地层的流体压力大于静水压力,即人们熟知的超压地层。超压地层的有效压力偏低。

对正常压实的地层来说,孔隙水会被挤到地表,地层会处于正常的静水压力状态。对水压正常的层段,有效压力会随深度的增加而变大(上覆层压力增加得更快),从而岩石的弹性和密度(由于压实)而变大,地震性质变强。不过,速度的增大随深度是呈非线性变化的,浅层有效压力较低时,速度的增加幅度较大(见图1.7),其中,1 kft=304.8 m。不过,速度增加的幅度会随岩性的不同而不同,未固结砂岩的硬度低,速度的增加最快,石灰岩弹性大,速度增加的幅度小。

在某些地层中,压实使孔隙中充满了水,如果上部有不渗透性地层封堵的话,水无法排出,只能滞留在地层内,流体(孔隙)压力就会升高。这种地层以后就不会遭受正常的压实作用了,从而会变成相对松软的岩石且地层流体(孔隙)压力超过静水压力,这种地

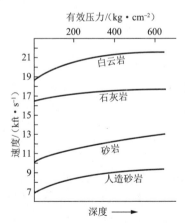

图1.7 各种类型岩石的P波速度随有效压力的增加而变大的情况。在浅层或有效应力较低的范围内,速度的增加比较明显。(改编自Gregory,1977的图7)

层被称为超压(异常压力)地层。超压地层岩石受到的有效压力低,弹性和密度也较低,地震性质弱。在超压地层内,速度和密度低于正常值且随深度的增加不再变大(见图 1.8 和图 1.9)。即使上覆层的沉积厚度增加了,地震性质也不会变化,因为较高的流体(孔隙)压力能够支撑随深度的增加而变大的静岩(上覆层)压力。

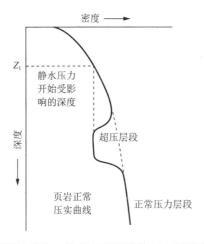

图 1.8　岩石密度随深度的变化。其中含正常流体压力层段和超压(欠压实)层段。注意,在超压层段内曲线几乎是垂直不变的,即随深度的增加密度几乎是不变的,进入正常压力层段后,密度又开始随深度的增加而增加了。(根据 Anstey,1977)

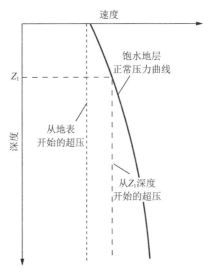

图 1.9　饱水地层的速度随深度变化的示意图。超压地层的速度偏低,且随深度的增加速度不再变大,速度开始降低的深度点(Z_1)代表超压层段的顶面。(根据 Anstey,1977)

　　温度的上升会改变孔隙流体的性质,如黏度和弹性。随着温度的上升,水和气饱和地层的地震性质会略微变弱,但对油饱和地层来说,可能会出现明显的降低。重油在温度升高后弹性明显降低,如果储层是未固结的砂岩(比如油砂),地震性质就会出现显著的降低。

11

1.7 地震岩石物理

地震岩石物理将岩石分析与地震性质联系起来,前者研究岩石的变化,后者研究地震响应由此而发生的变化。岩石和流体的性质,如岩性、孔隙度、裂纹、骨架结构、流体类型和饱和度及黏度等,以及环境压力和温度等因素都会不同程度地影响地震性质,为了更好地了解其中的物理机制,需要单独分析每一种因素所造成的岩性变化,即弹性(不可压缩性或柔度)和岩石的密度。对岩石最终的影响结果是所有因素的综合作用,因为许多因素都交织在一起,互相得到加强或削弱。

但是,最重要的岩石流体性质,即渗透率,却依然很难从地震数据中直接测量出来。从地震数据中估算岩石的性质已经是常规的解释流程,如岩性和孔隙度,但是定量预测较为隐蔽的流体性质依然没有得到很好的解决,如流体饱和度和黏度。这是因为常规地震数据在这方面有诸多的限制因素,另一方面,也可能是我们对岩石物理的应用缺乏必要的了解。例如,很早以前就有报道指出含油气储层下方会出现一个低频模糊区,表面上看是因为与饱水地层相比,天然气的存在会对地震波造成更大幅度的能量吸收作用。不过,Ebrom(2004)对这种现象做了大量的研究,得出了一个更令人信服的结论,并给出了其他几种可能的原因。

目前的许多岩石物理研究还只是停留在理论阶段,即利用实验测试数据来进行经验性研究。因此,需要更多更深入的研究,来将实验室测试数据与现场的实际地震记录数据结合起来。其中最关键的局限还在于维度和尺度问题,即微观尺度下观测到的岩石和流体性质能否与宏观尺度下通过地震波记录到的地层性质一一对应起来。地震性质对岩石性质变化的敏感性,尤其是其中流体性质的变化,仍然是非常微弱的,对地震分析人员来说,根据实际地震数据去探测和解释地层性质仍然是一个巨大的挑战。

不过,在某些特定的地质和岩石物理条件下,如非常松软的未固结含气砂岩地层,单独的岩石和流体性质参数改变也许能够造成明显的地震响应变化,从而可以从地震数据中将其辨识出来。在第六章中我们将要讨论到"亮点",这种振幅异常研究就是一个很好的例子。将波速和衰减综合起来进行分析也是一种办法,有可能给出岩石和流体的可靠信息。

这里还需要指出,前面所讨论的问题都是针对地震 P 波性质而言的。目前已经知道,有些岩石和流体参数对纵横波的敏感程度是不一样的,综合分析 P 波数据和 S 波数据通常会起到更佳的效果。在第九章讨论 S 波时将会对此进行介绍。

参考文献

1 ANSTEY N A,1977. Seismic interpretation, the physical aspects, record of short course "The new seismic interpreter". Massachusetts: IHRDC of Boston.

2 EBROM D, 2004. The low-frequency gas shadow on seismic sections. The Leading Edge, 23(8):772.

3 GARDNER G H F, GARDENER L W, GREOGORY A R, 1974. Formation velocity and density-the diagnostic basics of stratigraphic traps. Geophysics, 39(6):770-780.

4 GREGORY A R, 1977. Aspects of rock physics from laboratory and log data that are important to seismic interpretation. AAPG Memoir, 26:15-46.

5 RAYMER L L,HUNT E R,GARDNER J S,1980. An improved sonic transit time-to-porosity transform:SPWLA 21 annual logging symposium,Lousiana:1-12.

6 SAYERS C M,2007. Introduction to this special section:fractures. The Leading Edge, 26:1102-1105.

7 WANG Z J,2001. Y2K tutorial-fundamentals of seismic rock physics. Geophysics,66 (2):398-412.

8 WANG Z J,NUR A,1992. Seismic and acoustic velocities in reservoir rocks:vol 2,Geophysics reprint series 10. Tulsa:Society of Exploration Geophysicists.

9 WYLLIE M R J,GREGORY A R,GARDENER L W,1956. Elastic wave velocities in heterogeneous and porous media. Geophysics,21(1):41-70.

第二章 地震反射基本原理

　　具有不同阻抗的地层之间的界面能够产生反射轴,且界面宽度不能小于临界宽度(Fresnel带)。为了能够有效地反映地下的地质情况,需要高质量的地震数据,即信噪比和分辨率要高,后者反映了对薄层清晰成像的能力。震源也需要是宽带的,高频成分和低频成分都不能缺失,这样才能提高对地层的分辨能力。

　　地震反射信号具有振幅、相位、极性、传播时间和速度等属性,这些都是可以从地震数据中测量得到的。这些属性定义出了反射波的波形和到达时间,是由地层岩石的性质决定的。根据地震波形及其时间和空间的变化可以反推出地层岩石的性质,这是地震解释的本质。

　　合理选择地震显示模式及绘图比例尺也是非常重要的。

　　地震波在地面被激发后向地下传播,遇到岩性不同的地层的界面时就会发生反射、折射、散射和衍射。其中,反射是最受关注的现象,因为这是利用地震反射波进行油气勘探的基础。P波(纵波,或称压缩波)垂直入射到界面时,产生的反射波和透射波也是垂直于界面的,但是当倾斜入射到界面时,就会产生两组波,即一组为反射P波、透射P波,另一组为反射S波、透射S波(见图2.1)。本书的内容仅限于相对简单的P波反射,这也广泛应用于岩石和流体性质的测量当中。

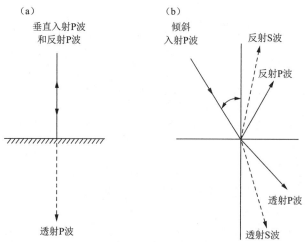

图 2.1 (a)垂直入射到界面上的 P 波会产生一个与界面垂直的反射 P 波和透射 P 波;(b)倾斜入射到界面上的 P 波会产生两组波,一组为反射 P 波和透射(或称折射) P 波,另一组为反射 S 波和透射 S 波。

产生地震反射轴需要两个条件:一个是地层界面上下岩石的阻抗存在差异,另一个是界面的宽度不能小于 Fresnel 带。反射振幅及反射轴的连续性与界面两侧的阻抗差有关。反射信号能否反映真实的地下地质情况与地震反射信号的质量有关,这取决于(1)数据中噪声的含量,(2)地震子波分辨不同地层界面的能力。反射信号的质量受制于以上两个因素,下面分别对信噪比和地震子波的分辨能力进行简要介绍。

2.1　信噪比(S/N)

所有非来自地下界面反射的信号能量都可以被定义为噪声,噪声是不希望被听到的。噪声是根植于地震记录和处理系统中的,是地下环境、地质(自然传播)和地球物理原因(记录和处理过程中的缺陷)造成的。噪声是无法被完全清除掉的,但是在记录和处理过程中经过努力可以有效降低噪声的影响。尽管人们不希望听到噪声,但噪声有时却有助于地震解释工作。例如,尽管做了数据处理,仍残留了衍射噪声,这反而是存在棱角状地质体的证据,如断层或其他隐蔽的地层目标。散射噪声的存在反映了地层的非均质性,意味着本区域的构造变形严重,可能存在大量的断层和裂缝。可以对来自裂缝和断裂区的散射噪声进行有针对性的处理,这是一种用来描述含天然裂缝的碳酸盐岩储层以及裂缝性基岩储层的技术。

我们力求地震图像能够尽可能清晰地反映地下的实际情况,但是噪声会严重干扰成像的清晰度,人们总是希望记录到清晰的高质量信号,将噪声的影响降到最低。实际生产中为了核准数据的质量,就用信噪比(S/N)来进行度量,即信号与噪声的比率。先进的数据采集技术能够保证高质量的地震数据,包括谨慎的调查布局设计、现场试验和严格的施工。从这个意义上来说,共深度点(CDP)地震数据采集就是一项特别有效的技术。通过叠加来自地下同一深度点但具有不同偏移距的多个地震道,利用 CDP 叠加技术可以压制噪声且能够得到较好的信号质量,这是一项在全球广泛使用的标准化技术。尽管在一定偏移距范围内叠加更多的地震道通常会得到更高的信噪比,但是这也有一个上限,当达到一定上限后再叠加更多的地震道也不会显著改善图像的质量,反而需要额外的成本支出。并且,叠加是一个求和过程,这会降低分辨率,尤其是大偏移距地震道会明显影响分辨率。如果地质条件没有那么复杂,在地震反射质量许可的条件下,解释人员仍然倾向于查看叠加次数较低的 CDP 数据,以得到更好的分辨率,由于叠加次数少,这也会降低成本支出。同时需要指出的是,具有高信噪比的数据不一定具有较高的分辨率,因为除了噪声以外,分辨率还与其他因素有关,如震源信号的频带宽度、空间采样间隔和地震波在地下的传播效应等。

2.2　地震分辨率

地震分辨率是指在时间域以及空间域分开显示两个靠得很近的地质体的能力。在地震地球物理学领域,有两种类型的分辨率,即垂向分辨率和横向分辨率。垂向(时间)分辨率是指在时间尺度上独立分辨两个反射信号的最小时间间隔。横向(空间)分辨率是指清晰显示两个靠得很近的地质目标所需的最小横向长度。需要指出的是,识别出一个反射信号与清晰地分辨出一个地质体并不是一个概念。

分辨率与在地下传播的地震波的波长有关。波长是波的一个基本性质,是两个连续相同相位(例如波峰和波峰)之间的长度,即一个完整周期内波的长度。波长通常由 λ 表示(见

图 2.8),计算公式为

$$\lambda = v/n \tag{2.1}$$

式中　v——波在介质中传播的波速;

　　　n——频率。

更短的波长能够提供更高的分辨率,波长如果比地质体大,那么就不能识别出这个地质体。既然波长与速度成正比,与频率成反比,那么浅层的地震分辨率高,因为此时的波速较低而主频较高,地震波长因而较短。相反地,地层越深时波速越高而频率越低,因此波长越长而分辨率越低。

2.2.1　垂向(时间)分辨率

一个短而尖的零相位子波(频带很宽)能够提供最理想的分辨率,由于波长较短,两个靠得很近的反射信号的到达时间都很清晰,地面记录到的信号不会发生重叠干涉。零相位子波是对称的,将零时刻选为初始时刻,在零时刻具有最大的振幅。零相位子波是解释人员希望看到的子波,但是从数学上来说它却是一个非因果子波。常见的陆上炸药震源和海上气枪震源产生的震源子波是最小相位子波或混合相位子波。不过,可控震源对应着零相位子波,即 Klauder 子波,是由可控震源扫描信号进行自相关数学处理而得到的,是一种较为理想的震源。

在地下传播过程中由于受到吸收作用会损失高频成分,较短的震源子波会逐渐变成一个较长的周期性子波("多峰型"),实际上变成了一个复合相位的子波。对于两个在地下靠得很近的地层界面,其反射波到达地面的时间间隔很小,如果子波变得很长,对薄层的分辨能力就会变差(见图 2.2)。合成地震记录模拟实验表明,能分辨出来的地层厚度的极限通常是 $\lambda/8$,更薄的地层是无法分辨出来的(Widess,1973)。Widess 制作了一个楔形体模型,包裹楔形体的地层是均一的,即楔形体顶面和底面的阻抗差是相同的,而反射极性却是相反的(见图 2.3)。但是,在很多地质条件下,地层顶面阻抗差的正负性和大小与底面是不一样的,因此,具体的分辨率极限可能与 Widess 模型有差别。不过,实际中是存在噪声干扰的,$\lambda/4$ 也许是一个更为现实的薄层厚度分辨极限值。一般来说,浅层的垂向(时间)分辨能力是 10~15 m,深层是 20~30 m。

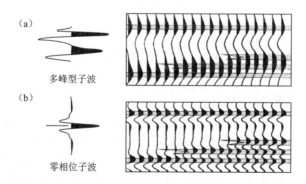

图 2.2　地震剖面的分辨率与所选用的子波的类型有关。(a)多峰型子波的能量集中在后部,各个薄层的反射波之间因而会发生重叠,分辨能力不佳;(b)零相位子波的波形时间延迟小且对称,在零时刻振幅最大、旁瓣较小、分辨能力较高。(根据 Sheriff,1977)

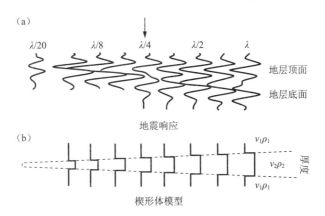

图 2.3 （a）Widess 针对薄层制作的楔形体模型；（b）如果地层的厚度不小于地震波长
（λ），在地震剖面中，地层的顶面和底面能够被清晰地分辨开来，直到层厚接近 λ/4 时为
止。如果地层的厚度小于 λ/4，其顶面反射波和底面反射波就叠合在一起而无法分开了，
即垂向分辨地层厚度的极限是 λ/4。（根据 Widess,1973）

　　勘探目标（储层）通常很薄，需要提高垂向分辨率才能对其进行正确地描绘。在地震数
据采集过程中，震源（炸药）需要产生一个宽频带的子波，记录的采样时间间隔也要足够小
（约 2 ms）。除了数据采集方面的努力之外，数据处理过程中也要恢复和改善高频成分的含
量。在数学上，记录下来的地震道是两个信号之间褶积过程的结果，即震源子波与地下的阻
抗差之间的褶积。如果通过数据处理能够从地震道中去除掉子波的影响（反褶积），就能剩
下阻抗差异特征信息了，即地下岩层界面的信息。这是地震勘探的最终目标，可以通过反褶
积等各种地震数据处理手段来完成。反褶积和子波零相位化是提高垂向分辨率的关键步
骤，这样多次波就得到了压制，子波也得到了进一步压缩，有效频带宽度也能够得到提高。

2.2.2　横向（空间）分辨率和 Fresnel 带

　　根据 Huygens 原理，来自界面的反射是由界面上各点的衍射构成的，这些点并非是孤
立的反射点。如果反射界面是均质和平面的，来自所有衍射点的信号都会彼此得到加强而
形成一个反射轴。但是如果界面是弯曲的或者是不连续的，这些衍射信号就不能彼此有效
地强化，因而反射信号的质量就差。

　　来自一个点震源的地震波是以球面方式传播的，当入射到一个平面时，波前就会顺次扫
描越来越大的接触面积。不过，在波前接触过的面积内，能够返回到地面形成同一个"有效"
反射信号的面积是有限的，被称为 Fresnel 带［见图 2.4（a）］。地震波是一个频带宽度有限
的信号，仅包括一定频率范围内的信号，当入射到反射界面时，单个频率地震波的波前所接
触到的面积是特定的，造成的反射也是不同的。因此，应该将反射现象看成是一个基于二维
反射"面积"的概念或三维反射"体积"的概念，而不是一个孤立反射点的概念，这在地震解释
和评估中具有极其重要的意义。

　　反射信号的质量不仅与 Fresnel 带所确定的面积大小有关，与反射界面的类型也有关
系。界面在 Fresnel 带所确定的平面宽度内存在横向变化的话，反射质量就会降低。模拟结
果显示，界面宽度小于 λ/4 时，此界面就不会有清晰的地震响应，这规定了空间分辨率［见图
2.4（b）］。如果想要产生反射轴的话，可以将 Fresnel 带看成是一种横向要求条件，这与垂向
上的阻抗差要求条件一起组成了三维空间分辨率的要求条件。地层的厚度决定了时间分辨
极限，同样地，Fresnel 带也决定了横向分辨的极限。

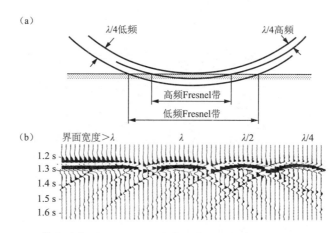

图 2.4　Fresnel 带的示意图。(a) Fresnel 带是球面波与水平界面的接触区域,此区域内的所有反射将叠加成同一个反射信号。Fresnel 带的宽度与地震波的频率有关。(b) 展示空间分辨能力变化的合成地震记录。界面的长度减小到 $\lambda/4$ 时,反射形态开始失真,即 $\lambda/4$ 是空间分辨极限。(根据 Mickel 和 Nath,1977)

有时,断层边缘、急剧的沉积相变化、小的礁体、侵蚀型不整合面会形成反射空白区或模糊区,这可能是与 Fresnel 带有关的成像不足所引起的。不过,反射界面中如果存在小的不连续体,比如 Fresnel 带内存在一个小孔,这并不会影响成像质量,因为成像信号是来自 Fresnel 带内的所有衍射信号的平均,这就是波前自愈现象(见图 2.5),即波会绕过不连续体而向前传播。这种现象具有重要的地质意义,这意味着可能很难用 P 波对岩层中的裂缝和裂纹进行直接成像。另外,地下的 Fresnel 带通常并非是平面的,而是曲面的,这也是影响反射质量的另外一个因素。对于向上凸的反射界面(背斜),波前与反射界面的接触面积比平面小,反射振幅的能量不足,相反地,对于向上凹的界面(向斜),接触面积更大,振幅更强。这种现象与光学透镜的聚焦和散焦是类似的。

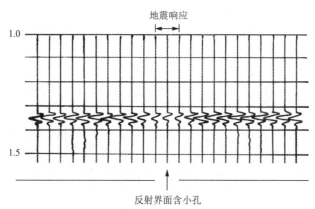

图 2.5　波前愈合效应的示意图。Fresnel 带内存在一个小的不连续体,比如反射界面内存在一个小孔,其对地震反射轴的影响可忽略不计,这是因为波经过小孔时有绕射作用。(根据 Sheriff,1977)

实际上,通过几何形状理解 Fresnel 带是十分必要的,其形态和大小受多个因素的影响,这本质上是一个三维问题。对二维情况来说,可以将 Fresnel 带的半径表达成地震波长和深度的乘积的函数,即

$$R \approx (\lambda \times z/2)^{1/2} \qquad\qquad (2.2)$$

式中　　R——Fresnel 带的半径；

　　　　λ——地震波长；

　　　　z——当前的深度。

深度较浅时 Fresnel 带较小(波长和深度值较小)，随着深度的增加，其宽度增大到了几百米的量级。因为 Fresnel 带的宽度给出了空间分辨率的极限，因此需要将 Fresnel 带降到最小，这样才能提高空间分辨率，从而可以对两个靠得很近的较小地质体进行辨别。这在很大程度上要靠偏移处理，偏移处理可以提高水平方向的分辨率，与反褶积可以提高垂向分辨率的道理类似。

偏移是一种处理技术，可以通过两种途径：(1) 将倾斜的反射轴重新放置到其正确的地下位置，(2) 将衍射收敛成一个连续的反射轴从而提高成像质量。偏移会得到相对真实的振幅，得到更准确的地下成像结果，更为重要的是，可以提高空间分辨率。因此，即使对较为平坦的地层来说，对地震数据进行偏移也是很有必要的。一般来说，未偏移数据的 Fresnel 带的宽度是几百米，偏移之后会大幅度缩减到十米左右。不过，要想偏移起到效果，需要知道上覆层的速度场，在目标深度，偏移孔径内需要有足够数量的地震道。偏移孔径是偏移时囊括进来的所有地震道所对应的横向宽度，偏移孔径大小的选取关系到偏移效果的好坏。一般来说，将反射目标的偏移孔径设成 Fresnel 带的两倍就足够了(Sun 和 Bancroft，2001)。在地震测线的两端，偏移效果会很差，因为记录到的信号极少(覆盖次数少)，解释人员需要对此提高警惕。

对于小尺度的地质目标，要想通过偏移提高其横向反射分辨率的话，地面上的空间采样要够密才行，这与通过加密时间采样来改善垂向分辨率的道理相同。举例来说，地下有一条古河道，其宽度只有 20 m，这是一个很重要的勘探目标。显然，如果道间距是 25 m，是无法对这个河道进行准确成像的，尽管可以模糊地探测到河道的存在。为了对油藏进行表征，需要对河道的几何形状进行精确地刻画，更重要的是刻画整个油藏的地质相，包括河道、河堤和点砂坝，这就需要使用不大于 10 m 的更加密集的道间距。

从本质上来说，时间分辨率和空间分辨率是相似的，都是由地震波的波长来决定的，即与地震波的速度和频率有关。虽然这两种分辨率都与速度有关，但是需要指出的是，时间分辨率与层速度有关，而空间分辨率与上覆层速度有关。举例来说，有一个石灰岩地层，其地层速度为 3 200 m/s，上覆层平均速度为 2 400 m/s，分别用这两种不同的速度来计算垂向分辨率和空间分辨率的极限值。对于主频为 40 Hz 的地震波来说，以 $\lambda/4$ 作为分辨率的实际极限值，其垂向分辨率和横向分辨率的极限分别是 20 m 和 15 m。对于解释人员来说，头脑中需要有一个分辨率极限的概念，否则，超出分辨率极限的地质体或许会被当成目标，从而出现误解。另外，这两种分辨率也是交织在一起的，提高一种分辨率，另外一种分辨率也会得到改善(Lindsey，1989)。

2.3　密集反射信号之间的干涉：反射的类型

前面我们已经知道，如果地层厚度大于 $\lambda/4$，地层顶面和底面的反射波就能够明确分开。不过，大多数常见的地层厚度都很小，顶面和底面靠得很近，多个地层界面反射的间隔时间很短，一个地震波长范围内会存在好多个反射信号。这就造成了反射信号的重叠(见图 2.6)。这些信号互相干涉之后的复合振幅也许会得到强化，也许会出现弱化，最终的复合反射信号取决于三个因素:(a) 薄层的厚度和数量,(b) 各个界面反射系数的大小和正负性(极性),(c) 各个反射界面的叠置关系。我们考虑三种类型的复合反射波形,这也是解释人员在解释过程中常见的波形,分别是孤立型、过渡型和复杂型(见图 2.7)。

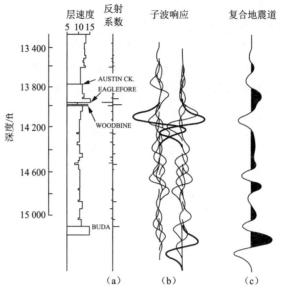

图 2.6　间隔很小的多个界面反射之间的干涉作用。(a) 地下反射系数序列;(b) 各个界面的地震子波响应(左道显示所有负反射系数界面的响应,右道显示所有正反射系数界面的响应,加粗的波形反映了子波的形状);(c) 所有这些薄层的反射的叠加干涉形成了复合地震响应道。(改编自 Vail 等,1977)

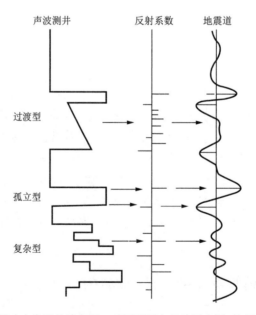

图 2.7　反射界面地震响应类型的示意图。对厚而孤立的地层来说,其顶面和底面的反射能够截然分开,反射极性明确,且对应的传播时间准确。过渡型的反射信号是一组靠得很近的同极性界面的复合反射波,复杂型的反射信号是一组靠得很近的极性混杂的界面的复合反射波,无法准确定义这些复合反射波的极性和到达检波器的时间。(改编自 Clement,1977)

2.3.1 孤立型反射

厚且与周围地层的阻抗差异明显的地层,其顶面和底面的反射能够在地震记录中截然分开,被称为孤立型反射。孤立型反射的顶底界面反射能够很好地分开,各自的振幅与对应的反射系数成正比。这种界面反射,无论是波峰还是波谷,其地震记录到的到达时间与其地下深度有一个很好的对应关系,不会出现时间延迟。

2.3.2 过渡型反射

在河道沉积层序中,沉积颗粒向上逐渐变细,在点砂坝沉积层序中,沉积颗粒向上逐渐变粗,这种地层的阻抗是递增或递减的,变化梯度为常数,这时产生的复合反射就被称为过渡型反射(Anstey,1977)。一系列具有相同极性的反射波干涉的结果是一种复合波,这种复合波的振幅一般都较弱,视频率较低,波的起跳时间相对于层序顶面来说有延迟。

2.3.3 复杂型反射

复杂型反射彼此间距较小,振幅大小和极性都是不确定的,产生的反射结果非常复杂。很难确定其反射强度、相位和起跳时间。地震正演模拟可用于了解复杂型反射的形态。

2.4 反射信号的固有性质

一个地震道记录了来自地下的反射波扰动(质点速度/声波压力)随时间的变化。记录到的波形含有反射信号的固有性质,包括振幅、相位、频率、极性、到达时间和传播速度,所有这些属性都是可以被测量和估算的。反射性质(见图2.8)定义了反射波形和到达时间,这与岩石的特性有关。因此,波形内含有重要的地质信息。从地震波形及其时间和空间变化来推测地层岩石的性质就成了地震解释的关键,可以提供石油勘探中所需要的地下构造信息和地层岩性信息。下面介绍基本的地震性质,其测量方法和使用方法将在第十章中进行介绍。

2.4.1 振幅和强度

前面介绍过,一组垂直入射到地层界面的地震波,如果界面上下的地层存在阻抗差,那么一部分成为返回地面的反射波,一部分成为继续向下传播的透射波。反射波的振幅与入射波振幅的比值被称为反射系数(R_c)或反射率。反射系数与界面两侧的阻抗差有关,与地震波的入射角也有关。对垂直入射的地震波来说,反射系数方程构成了地震反射方法的基础,即

$$R_c = (\rho_2 v_2 - \rho_1 v_1)/(\rho_2 v_2 + \rho_1 v_1) \tag{2.3}$$

式中 $\rho_2 v_2$,$\rho_1 v_1$——界面下方地层和上方地层的密度和速度的乘积,即阻抗。

对于非垂直入射(倾斜入射)来说,会产生一对P波和一对S波,上面描述垂直入射反射系数的公式就会变得更加复杂了,需要用Zoeppritz方程来进行描述,我们将在第十章中进行深入讨论。

地震振幅是通过测量质点的速度或压力得到的,在理想情况下,子波在波峰或波谷处的极值反映了一个孤立界面的反射系数。如果子波的形状是多峰型(周期性的长子波)的,此

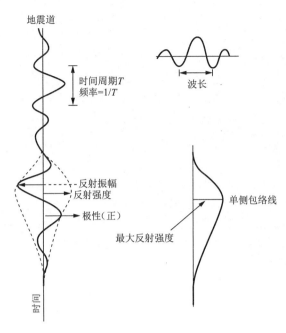

图 2.8　从地震道测量出地震属性。属性包括时间周期、波长、反射振幅、反射强度和
反射极性。反射强度是一个复合反射波包络的最大值，与复合反射波的相位无关。
（根据 Anstey，1977）

时的反射波就是复合形态的了，实际中往往如此，很难确定出波峰或波谷的极值，因而振幅
不能够反映反射系数的大小。在这种情况下，使用反射强度会更加方便，围绕复合反射波形
的中心建立一个对称的包络线，包络的最大值就代表了反射强度（见图 2.8）。反射强度的意
义更加明确，它不依赖于具体的相位，对影响振幅的因素不敏感。反射强度最大的位置并不
一定对应着波峰或波谷，只反映复合反射波的特性。利用反射振幅及其时空变化能够了解
地层岩性信息及其变化情况，能够得到孔隙度信息，有时还能得到孔隙流体的类型信息，如
含气储层。不过，振幅信息的局限就在于它易受其他很多因素的影响，可能与地质情况并没
有多大的关联。

2.4.2　相位

可以简单地将相位理解成相对于真实反射时间的延迟。相位与振幅的大小无关，它反
映了反射轴的连续性，是反射地震解释的另外一种重要依据。在反射质量较差的地区，也许
反射振幅很弱，反射轴不够明显，从而追踪振幅比较困难，相位此时就有助于进行反射轴的
追踪。相位变化对不连续体比较敏感，根据"异相"特征可以识别尖灭、断层、裂缝、棱角状地
质体和不整合面等。

2.4.3　频率（带宽）

震源子波最初只有 1~1.5 个周期的长度，随着向地下传播深度的增加，波形会发生变
化，会变得很长且具有多周期状波动特征（多峰型）。在地震记录中子波的时间长度（周期）
反映了其主导的最低频率，随着传播深度的增加，子波进一步变长，表明由于衰减作用频率
进一步降低了。带宽描述了子波所包含的频率成分的跨度，单位是 Hz，是确定反射质量的

关键参数。带宽确定了地震子波的时间长度,受所经过的地层厚度及速度的影响,它确定了地震记录的时间和空间分辨率。宽带宽指的是既有低频成分又有高频成分,从而能够提供高质量的地震图像。频率谱中的低频成分有助于地震波穿透更深的地层,高频成分则有助于分辨薄层。可惜的是,地震波在传播过程中会遭到地层的衰减作用,高频成分会损失掉,从而深层的分辨率会降低。

地震波的传播过程会影响频率,如吸收和透射作用,有时频率的变化也能够提供重要的地层信息和构造信息。浅层的层状地层的反射一般含有高频成分,深层的沉积年代古老的硬地层(例如前第三系地层),反射信号的高频成分则较少。有经验的地震解释人员很熟悉整幅剖面从上到下频带宽度的变化。带宽、振幅和相位确定了信号的波形,利用谱分析可以研究具体的频率成分特征,我们将在第十章中对此进行介绍。

2.4.4　极性

极性反映了反射系数的正负性。如果界面下方岩层的阻抗比上方大(下部岩石比上部岩石硬),就称反射是正极性的,否则就是负极性的。按照惯例,对常规处理过的地震数据而言(SEG 标准极性约定),波峰代表正反射系数(黑色),波谷代表负反射系数(白色),当然,解释人员也可以做一个极性调换。在处理过的数据中标明极性约定是非常重要的,可以避免地质解释中的根本性错误。对孤立型反射波来说,确定极性是非常简单的,但是对于过渡型和复杂型反射波来说,情况就困难多了,多个反射波之间的干涉会形成复合波,反射信号会受到扭曲。数据中的噪声也会给反射极性的确定带来障碍。反褶积和零相位化处理在一定程度上有助于确定复合反射波的极性。在条件允许的情况下,准确确定出极性有助于分析地下地层的位置和特性。

2.4.5　到达时间

对孤立型反射信号来说,其在地震剖面中的时间刻度就代表了对应地层的相对位置。因为地震记录到的是反射波的到达时间,因此需要一个准确的地下速度信息,据此来将反射轴的时间刻度转换成对应的地下深度。即使有了准确的速度信息来将时间转换成深度,在与真实的地层深度进行匹配时仍然存在着一些问题。对于过渡型和复杂型复合反射波来说,记录到的反射波到达时刻总是存在一个延迟,这是一个很突出的问题。地震数据记录设备和处理系统都是一种滤波器,也会造成时间延迟。如果不能够很好地纠正这些延迟效应,就会造成一个总的累积延迟,根据地震数据类型的不同(二维或三维),延迟量也许会达几毫秒。在不同时期处理过的地震数据中,地震分析人员经常会发现同一个反射轴的相位会有一些时间延迟,二维数据尤其如此,这是由记录设备的不同和处理参数的不同而引起的,在层位拾取和绘图中需要多加注意。

2.4.6　速度

速度是一种重要的地震属性,不仅能够用来估算地层的深度,也可以提供有关地下岩石和流体性质的重要信息。从原则上来说,有两种类型的速度,即上覆层速度(或称垂向平均速度)、层速度(或称单个地层的速度)。上覆层速度可用于将反射时间换算成深度,层速度则用于预测岩性和岩石的其他性质,包括孔隙度和所含流体的类型。这两种速度函数是有关联的,知道其中一种速度可以推算出另外一种速度。通过处理很多道的地震数据,可用地震 CDP 叠加技术来计算一个表象上的上覆层速度,即动校正(NMO)速度或叠加速度。之所以被称为叠加速度,是因为这个速度是基于动校正公式的,是在将 CDP 内的各个地震道做动校正叠加使得振幅最大化的过程中通过数学计算而得到的。这是沿地震检波器测线方向的速度,会受到地层倾角和测线长度的影响。叠加速度通常要比真实的上覆层速度高 6%~10%,而真实的上覆层速度只能通过测井得到。叠加速度也被称为均方根(RMS)速度。在缺乏测井速度的情况下,经过适当的校正之后,可用 RMS 速度来预测地层的顶面深度、底面深度和厚度。从 RMS 速度出发进行换算可以得到层速度,从而可以推测出地层的岩性信息。

从地震数据偏移过程中得到的速度称为偏移速度,偏移是将各个衍射点归位到其正确的地下位置的处理过程。偏移速度是上覆层速度,如果大小选取得合适的话,就能够得到相对干净和清晰的地震图像,这有助于更好地预测地层的岩性。通常,偏移速度比叠加速度低,但是更接近真实的上覆层速度,因而偏移速度用于深度转换时会更加可靠。

2.5　地震显示

地震数据显示也是解释工作流程的一个有机部分,因此,需要将处理过的地震数据以合理的模式和比例尺进行显示。不过,这在很大程度上要看解释的目标而定,还取决于特定解释人员的洞察力和想象力。一般来说,地震数据的显示模式有波形道、变面积和变密度方式,以及其中的任意组合方式(见图 2.9,彩图见附录)。

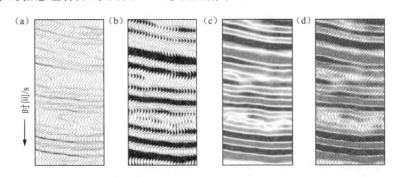

图 2.9　地震数据的显示方式。(a)波形道;(b)波形道和变面积同时显示;(c)变密度;(d)波形道和变密度同时显示。注意波形道和变面积同时显示模式下,波形道变化特征展现得最出色,可以突出反映关键的地质信息。

波形道模式显示的是反射振幅随时间的变化,这样波形的变化特征会非常明显,有利于对地质变化信息进行解释。

变面积(VA)模式,根据振幅大小将波形涂上阴影,从而会突出显示反射轴的连续性特征,对基于反射特征的层位追踪特别有利。

变密度(VD)模式是用彩色显示反射强度,反射轴的连续性和变化特征会得到突出显示。尽管常用变密度模式来显示剖面,但是这却不能显示波形的变化特征,这样就不能突出显示重要的地质信息(见图 2.10,彩图见附录)。

变面积和波形道联合显示是一种广受欢迎的显示模式,有助于对地层细节进行解释。

尽管计算机工作站可以提供不同的显示模式,解释人员一般还是使用变密度剖面,这是

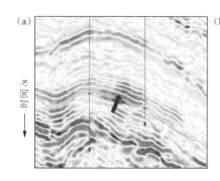
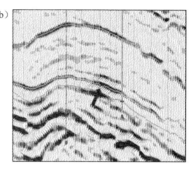

图 2.10 地震数据变密度显示和波形道显示方式的比较。(a)变密度显示时,突出了反射轴及其连续性特征,但缺乏波形变化信息;(b)波形道显示模式下,可以清楚地看到波形的变化(比如箭头标出的波谷),波形的变化隐含了重要的地质信息。(得到印度 Hardy Energy 的许可)

因为反射轴的连续性特征可以得到加强,振幅变化特征也比较突出,可以很方便地将其作为属性剖面来展示。但是,在复杂沉积环境下也会造成误导,比如陆相沉积环境和河流—三角洲沉积环境,沉积相的变化比较频繁,这会造成反射轴的不连续以及地震相成斑块状。在这种情况下,用变密度剖面来追踪反射轴的连续性的话,其结果可能并不符合实际的地质情况。这时候波形道剖面反而是一个很好的选择,可以根据反射波形的变化特征来推测地质的变化情况。

彩色显示能够带来很好的视觉分辨能力,有助于对地质体进行视觉区分,所以得到了广泛应用。选取合适的颜色编码要由解释人员的艺术观而定,但是按照色谱的顺序来选取会取得更好的分辨效果,对地质体相对大小的分辨效果也更佳。

2.5.1 绘图比例尺(垂向和横向)

在显示时,选取合适的绘图比例尺也是至关重要的,比例尺的拉伸和压缩会改变地质目标的视觉效果。需要根据解释目标的情况来确定比例尺。横向压缩(压扁)的地震剖面会突出反射轴的连续性,小幅度的倾角会得到很好地显示。相反地,横向拉伸的地震剖面会破坏反射轴的连续性,倾斜的地层看起来像是水平的。相应地,断距较小的断层、小角度的进积地层、微弱的尖灭和截断等隐蔽地震特征在压缩的地震剖面中会得到突出显示,这些都是重要的勘探目标。横向压缩的剖面也有助于区域地质的解释工作,可用于盆地评估,因为这样能够很方便地展示区域的整体面貌。同样地,垂向压缩的剖面也具有这样的优势,能够同时观看浅层和深层的总体面貌,可以更好地观察一个盆地的地质演化情况。另一方面,垂向拉伸的剖面通常用于展示重要地质目标的具体细节情况。每一种地质目标都需要在一个合适的比例尺下来观看,这样才能突出所关心的地质特征,一般需要做多次尝试来选取最佳的显示比例尺,在特定的显示模式下确定好垂向的(时间轴)以及横向的(道间距)比例系数。

参考文献

1 ANSTEY N A, 1977. Seismic interpretation: the physical aspects, records of short course the new seismic interpreter. Massachusettes: IHRDC of Boston: 2-109 to 2-

　　111A,3-1 to 3-19&3-65 to 3-85.

2　CLEMENT W A,1977. A case history of geoseismic modeling of basal Morrow-Springer sandstone. AAPG Memoir,26:451-476.

3　LINDSEY J P,1989. The Fresnel zone and its interpretive significance. The Leading Edge,8(10):33-39.

4　MECKEL L D Jr,Nath A K,1977. Geologic consideration for stratigraphic modeling and interpretation. AAPG Memoir,26:417-438.

5　SHERIFF R E,1977. Limitations of resolution of seismic reflections and geologic detail derivable from them. AAPG Memoir,26:3-13.

6　SUN S,BANCROFT J C,2001. How much does the migration aperture actually contribute to the migration result?. CREWS Research Report13:573-581.

7　VAIL P R,TODD R G,SANGREE J B,1977. Chronostratigraphic significance of seismic reflections. AAPG Memoir,26:99-116.

8　WIDESS M B,1973. How thin is a thin bed?. Geophysics,38(6):1176-1180.

第三章　地震解释方法

通过地震解释可以将地震数据中隐含的地质信息挖掘出来,包括构造信息、地层信息和地震地层信息。进行哪种类型的解释,需要根据当前勘探阶段的地质目标以及手头所拥有的地震数据的网格密度和质量而定。本章介绍各种类型解释工作的流程及其局限性。

对勘探开发事业来说,解释结果必须具有地质意义和工程意义,并能解决当前勘探中所遇到的问题,这被称为地震数据的评估,是解释结果之外的一项附加工作内容,因为除了常规解释之外,还需要评估远景区的经济价值,使勘探管理层能够据此制定出战略性政策。本章将会以示例和图表的形式来强调评估工作的意义。

石油勘探是一项高投入、高风险的系统性工程,因此越准确地掌握重要的地质信息越好,这样才能将预测失误降到最低。通过解释地震数据可以得到用于勘探决策的关键地质信息。同时,为了得到可靠的地震预测结果,需要有专业经验和知识的解释人员将地震数据和所有其他相关学科的数据综合起来进行分析。在进行综合地震解释工作之前,最好将所有数据信息都统一到一个多学科数据库中进行协同管理。尽管数据类型的多样性(多学科)使得处理分析起来较为困难,但却可以扩大综合分析和评估的视野。因此,除了需要对地震学和相关的地球物理技术有深入的理解之外,地震解释人员还有必要熟练掌握石油地质学、岩石物理学和油藏工程的基础知识。

解释为地震数据赋予了地质意义,从中可以提取出地下信息。石油勘探中的地震解释不仅需要给出地球物理结果,也需要给出地质结论,以便解决勘探中遇到的问题。从逻辑上来说,解释需要涵盖地质意义和工程意义,使地震推理可用于勘探事业,最终可以做出一个合理的勘探决策。这个过程可以被称为地震数据的评估,是常规解释成果之外的一项附加工作,有助于整个勘探流程的成功。评估才是重点,因为它直接探讨远景区的经济可行性,勘探管理层据此可制定出战略性政策。例如,识别和绘制出远景区的断层并不代表解释工作的结束,相反,更重要的是评估断层给远景区潜力所带来的影响,即断层在油气聚集和开发中的作用。

根据不同勘探阶段地质目标的不同,以及所掌握的地震数据类型、网格密度和数据质量的不同,可以将地震解释工作分成几个不同的类别。一个勘探开发(E&P)活动周期一般都开始于对地震数据和其他地球物理数据的分析,以便在最初阶段可以确定出勘探井的位置。如果有所发现,勘探活动就进入第二阶段,这时需要额外采集分辨率更高的地震数据,以便确定出圈闭刻画井或评价井的钻井位置。在最后阶段,根据这个勘探区的经济可行性制订出合理的开发计划,并钻采油井和驱油井。根据历史经验和实践常识,在勘探开发的任一个阶段,针对所遇到的具体问题,都需要进行某种类型的解释工作。可以将解释工作划分为以下四种类型,在后续的章节中会详细进行介绍:

第一类,构造解释(基于二维地震数据)。这是最初的区域性解释,主要是构造解释,在勘探的最初阶段进行。

第二类,地层解释(基于二维、三维或四维地震数据)。这是更高一级的综合解释,能够给出地层信息,包括岩石性质和所含流体性质,一般是在油藏描述和开发阶段进行。

第三类,地震地层解释(基于二维地震数据)。这是区域地质解释,可以给出沉积系统和构造运动类型的结果,以便进行盆地演化和评估工作,大多是在勘探的初期阶段进行。

第四类,地震层序地层解释(基于二维或三维地震数据)。综合利用地震、测井和岩芯数据对具体的目标地层进行综合解释,一般在勘探、油藏描述或开发阶段进行。

但是,如果所掌握的数据信息足够丰富,数据密度和质量也符合要求,在勘探的初期阶段也可以进行综合性的解释工作,给出地下构造和地层的具体信息。当前广泛应用计算机工作站、大量的集成数据库和各种精巧的计算机软件系统,这促进了解释工作的顺利开展。不过,解释人员仍然需要掌握解释的基本方法,正确理解软件背后的工作原理,以便能够进行合理的人机交互分析,这样才能最大限度地提取出地质信息。

3.1 第一类:构造解释(二维)

利用二维地震数据进行构造解释一般用于初步的勘探,主要是对几个地震反射轴(地层)进行绘图,通常发生在未勘探地区或对地质情况了解不多的地区。这一阶段,地震采集的网格通常比较粗大(比如 4 km×8 km),地震数据也是在无井或少井情况常规处理出来的。由于缺乏邻近井或露头的地质数据,解释主要是基于地球物理原理的,不过也能够给出基岩深度及基岩面形状、基岩古高点、基岩古低点及断层等有用的信息。除了可以估算出本地区大体的沉积厚度之外,还能推测出单个沉积单元(地层)的深度、厚度、岩性,更重要的是还可以给出断层等构造形态信息。构造解释的主要步骤包括:(1) 选出需要进行追踪的层位(反射轴);(2) 将拾取出的层位的时间值绘在平面坐标图上(基础绘图);(3) 绘制包含断层的地层等值线图;(4) 绘制几种类型的图件以描述地质的具体细节。

3.1.1 识别和追踪层位

层位追踪就是从一条地震测线中确定出一个具有特定相位的反射轴,与另一条测线中的这个反射轴进行连结,确保所追踪的反射轴在所选定的区域内是一致的。一般是在倾角测线剖面中识别出将要进行追踪的地震层位,因为此时反射轴的倾角和连续性特征最为明显。地震剖面中最下方的反射轴通常被认为是基岩顶面的反射。这个反射层一般具有低振幅和低频率的特点,连续性一般也不好,有时会被几个断层切割开来。解释人员有时称这个反射轴为技术基岩面或声波基岩面,也许真正的前寒武纪(太古代)基岩的位置实际上会更深,只是没有能够显示在地震剖面中罢了。连续性的反射轴或层位具有极佳的反射特征,如果很容易在很大的空间范围内被识别和追踪出来,就可以作为地震"标志层"了,就像地质标志地层那样。

识别和追踪层位通常需要按照一定的标准。在地震剖面中拾取基岩面、标志层(如果有的话)以及其他层位时,会发现其倾角在区域范围内是变化的,在不同的测线之间也是有区别的。地震层位间彼此不平行（不一致），可能就会存在不整合面，也许需要对其进行追踪和绘图。最好是在倾角剖面中拾取基岩面、标志层及其他不整合面，然后再扩展到本区域其他的测线剖面中。

层位追踪是基于反射特征的（见图 3.1，彩图见附录），包括振幅、相位（波峰或波谷）、频率、波形以及反射轴的倾角等。由于噪声、岩性变化和断层的存在，反射轴的连续性就会出现问题。如果可行的话，可以跳过反射较差或无反射的区域而继续追踪层位的特征（"跳跃追踪法"），或是基于直觉跨过这个区域继续进行追踪（"假想法"）。对于这些不太可靠的反射区域，是使用跳跃追踪法越过这些间隔或断层，抑或是使用假想法继续进行追踪，这取决于解释的目标以及解释人员自己的判断。这种追踪具有主观性，其可靠程度依赖于解释人员个人的专业知识和经验。今天的层位追踪工作都是在计算机工作站上完成的，这节省了大量的时间。但是，计算机自动追踪出来的层位是否正确，要看地震数据的质量是否够好，以及地质背景是否够简单。在复杂地区，地震反射特征较差，地震剖面像是拼凑起来那样错综复杂，这时需要解释人员不断地介入来指引自动追踪程序，以得到可靠的结果。

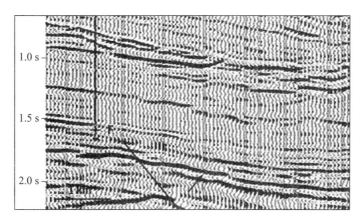

图 3.1　一个在地震剖面中根据反射特征进行层位追踪的例子。在剖面右下角 2.2 s 处识别出了一个上下都被波峰包围的波谷，其振幅和频率给出了这个反射轴的特征。向左上方追踪到一个断层处时，原则上应该停在此处，但可以通过假想法越过这个断层继续向左上方进行追踪。

如果以层位的构造起伏为主要的解释目标的话，假想法和跳跃追踪法是有用的。尽管解释人员具有一定的专业知识和经验，但是追踪出来的层位也是非常主观和不确定的，会受到解释人员主观偏见的影响。在这种情况下，不妨利用一些标识来量化所追踪出来的层位的质量，比如较好、较差、有问题等，在层位相应的位置给出一些标记（例如"—""??"等），这一点也是非常有意义的。

在层位追踪过程中，必须区分开较陡的地层和断层，因为陡地层和断层的地质意义不同。对所拾取出来的层位的时间值及其构造形态来说，有了断层标记的存在，其地质意义就会发生变化（参考第五章）。因此，需要识别出断层，在对层位进行拾取和绘制时需要对断层格外留意。

追踪出来的层位是否合理，要根据整个区域内同一地层的一致性而定，需要看在两个或多个测线间反射时间和反射特征是否一致。这一过程被称为"环结闭合"，与制图中的工序类似，需要保证不同测线间同一层位的时间值能够构成一个闭合回路。在测线交叉处出现

"闭合差"是很常见的事情,这是由于二维偏移的效率不高,不能将地下的反射有效地回归到其真实的地下位置。有时候闭合差非常明显,如果不同的测线剖面是不同时期采集或处理的,在地震采集和处理过程中所使用的参数一般是不一致的,定位和制图也会存在误差,因此就会造成比较大的闭合差。最好是将同一个层位的闭合差降到最低,在测线交叉处不至于产生一个明显的突变,这样才可以将层位所对应的时间值投射到基础图上以绘制等时线图。不过,在绘图前计算机软件会自动校正这些闭合差。

尽管层位追踪是最基础的工作,但却是后续绘制所有重要的地震图的先决条件,最终能够帮助管理层做出正确的钻井方案等勘探决策。层位追踪中出现的任何一点小疏忽都会关系到地震图的准确性,最终会影响到勘探管理层的决策,利用错误的图件就会做出错误的决定。之前曾提到过,在拾取出来的层位以及断层上标注出追踪的可信度是非常有意义的,可以使用某些标识来进行标注,从勘探决策这个意义上来说,怎么强调都不过分。

随着技术的发展,可以借助计算机来完成层位追踪工作,即"自动追踪",这是非常高效的途径,但是却未必准确,这是由于自动追踪会受到以下几个方面的限制:(1)由于岩性和流体性质出现了横向变化,反射轴的极性也会出现横向变化,自动追踪程序对此是识别不出来的;(2)对薄的砂岩和页岩的交互层来说,自动追踪程序无法进行准确拾取;(3)在地质情况复杂的区域,地震数据的质量较差,反射轴也许会出现分裂现象,在拾取对应的相位时自动追踪程序就会遇到问题。

鉴于自动追踪方法具有上述限制,为了得到可靠的层位追踪结果,解释人员有必要介入自动追踪程序,以进行更多的人机交互和干预。完全依赖自动追踪程序追踪出来的层位也许会绘制错误的地震图,在油藏描述和储量估算时就会出错。因此,地震解释人员有义务核实以下问题:(1)自动追踪的依据(最有利的相位特征),这种特征最有助于拾取目标层位;(2)对给定的地震数据集,自动追踪方法的局限性如何。

3.1.2 作等值线和地震图

将所拾取的层位的时间值连同断层标记投射到基础平面图中,并绘制等时线以给出层位的时间构造图。在作等时线之前,先要确定好两个关键参数,即比例尺和等时线间距。根据数据网格点的大小来选取合适的绘图比例尺,例如,对于覆盖范围大的数据使用大比例尺,反之使用小比例尺。另外,根据数据的可靠程度来确定等时线间距,可以参考两个测线交叉处闭合差的大小来定。一般来说,等时线间距至少是闭合差的两倍。例如,如果测线交叉处的闭合差低于 10 ms 的话,选用 20 ms 的等时线间距就是合适的。小的间距能够突出构造变化的细节,但是需要得到数据质量的支持。如果等时线间距过小,超出了地震数据质量的许可范围,表面上虽然得到了很多的具体细节信息,但是会引起误导,需要对此格外留意。

绘制等时线不是简单地将网格点数据进行插值以及连结相等的数值,还有很多其他需要注意的地方。地震构造图反映了特定的时间地层层位,即层位的平面图,这与地表地形起伏图是不同的。地震构造图用于描述构造的走向以及地质体的几何沉积特征,需要专业和有经验的人员对数据进行处理才能得到。需要特别付出努力的地方包括处理大量的断层信息,以及对断层进行合理的连线和绘制。需要小心地校准越过断层的等时线,将断距的大小确认好,这具有极其重要的地质意义,关系到远景区油气潜力的评估。在地震测线剖面中确认好了断层,在平面图上进行连结时,尤其是在地质情况比较复杂和仅有间距较大的二维地震数据时,可能会形成断层闭合圈闭的假象,从而导致钻探的失利。

虽然手工绘制等时线图既费时又费力,但是在这一过程中解释人员可以将自己的观点融入其中。由于客观原因,平面图各网格点处的反射时间值也许并不是太准确,在个别值跟总体的轮廓不太一致时,需要回过头来再检查一下地震数据。为了绘图的需要,解释人员有时会修改或抛弃个别数据。解释软件可以自动将拾取过的层位时间值投射到平面图中以得到等时线图,这是快速而高效的途径,但是难以复查和评估网格点数据的合理性,这一点难以达到人工绘图的程度。计算机绘出的等时线图有时过于数学化而缺乏真实性,因为计算机算法还不具有高智能和洞察力,因此解释人员需要对自动成图进行分析和检查。之前提到过,如果二维地震网格数据不规则,地质情况也够复杂,比如有不同时期的断层,计算机的绘图功能也许就跟不上了。一个好的策略也许就是,先用计算机来绘制初始图,这会节省大量的时间,然后再进行人工编辑以得到最佳结果,用来描述地质特征。

等时线图是最重要的构造图,用于确定钻井位置和估算地质储量。下面简要介绍不同类型的地震图。

(1)时间构造图。这是地层层位时间的平面图,是构造解释的主要结果,刻画了地下层位的走向和几何形态。可以检查垂向地震剖面来确认时间构造图中的倾角、构造类型和走向特征,以及与本地区已知地质信息的一致程度。

(2)深度图或构造图。将时间构造图中的时间刻度转换成深度就变成了深度图。其中需要垂向平均速度(深度除以传播时间)的信息,可以从附近的测井速度中获取,也可以使用地震叠加速度,不过需要做适当的校正。

(3)地形图。在对一个地震反射轴(地层界面)进行时间追踪时,如果对结果的准确性没有把握,或是利用了假想法,最好是将这种平面图称为地形图。例如,通常这样的地形图被称为"基岩顶面构造图"。对基岩顶面这种不整合面的反射进行追踪时,如果对其准确程度没有把握,需要将结果明确称为"基岩地形图"。

(4)等容图(时间间隔图)和等厚图(厚度图)。这种平面图给出了两个层位之间所夹地层的时间间隔或深度间隔,分别被称为等容图和等厚图。除了能够反映地层的厚度变化之外,这种间隔图也能反映本地层沉积时的古构造形态(见图3.2)。这为评估油气圈闭的潜力提供了重要的线索,我们将在第五章对此进行详细讨论。

在等容图中也可以包括影响层位连续性的断层,将断层用标准的记号标识出来即可。在等厚图中绘出断层的意义在于,可以据此确定出地面钻井的最佳位置,因为绘出断层就可以预测可能钻遇的储层厚度。图3.3给出了这一概念的示意图。在断层区上方的地面不同位置,钻遇的储层厚度也是不同的,这是断层的深度、断距和断层类型(正断层还是逆断层)的函数。根据地面位置的不同,在正断层区的上方钻垂直井时可能会错过或部分错过储层,逆断层的话还会重复钻遇储层,钻井过程中一般会据此来对断层进行分析。

等容图对地震数据的质量比较敏感,因为这与两个层位的追踪结果密切相关,并且需要确保一定间隔区域内的数据质量是可靠的。在计算机工作站中可以很方便地绘制等容图及其剖面图,将上部的层位展平作为参考面,就可以呈现下部层位的古沉积面和古构造了,这就是"古构造"分析。不过,在层状地质环境下才可以合理分析古倾角、古方位角和古构造,因为这时才可以假定相对于参考面沉积是水平的。遇到丘状碳酸盐岩和碎屑岩、进积层序和侵蚀不整合的沉积特征时,利用这种方法所提供的古构造信息的意义不大。

构造解释,除了能够给出构造高度和地层厚度信息之外,还可以给出岩性信息。可以从地震叠加速度(RMS)出发得到两个层位之间的区间速度(地层速度),据此可以预测地层的岩性。

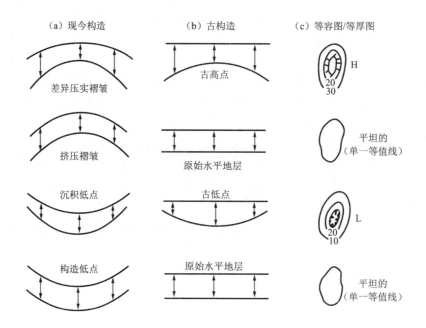

图 3.2　通过将地层顶面拉平进行古构造分析的示意图。(a) 现今构造；(b) 在更年轻的地层沉积时已存在的古构造；(c) 在等容图/等厚图中看到的古构造的平面图。

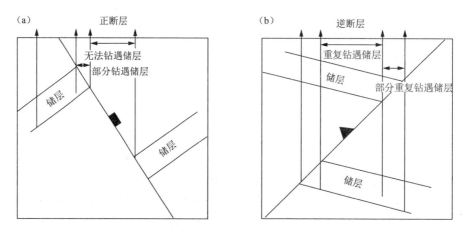

图 3.3　在断层区钻井时随断层类型的不同钻遇到的地层厚度也不同。根据地面钻井点位置的不同，(a) 对正断层来说，可能无法钻遇储层或只能钻遇部分储层厚度；(b) 对逆断层来说，可能会重复钻遇同一套储层或部分重复。

3.2　第二类：地层解释(二维)

地层解释是更高一级的综合解释技术，用来评估地下构造和地层的细节信息，目的在于预测岩性，不过主要是定性预测。这项工作的开始是利用井中地质信息对地震反射轴进行校准，以便借助地震数据将井中的地质信息进行空间扩展。

对计算机工作站中自动拾取出来的地震层位，可以将其振幅绘制成图。因为振幅与地层界面两侧地层的阻抗差有关，利用振幅的垂向和横向变化就能够揭示构造和地层的空间展布情况。对反射层位的连续性和振幅大小进行分析,可以揭示岩性和孔隙度的横向变化情况。在油藏评价和开发阶段,地层解释是不可或缺的,可以据此对油藏进行描述和表征。在第八章"高分辨率三维和四维地震数据的评价"中,我们将介绍井信息约束下的高分辨率高密度三维和四维地震数据的解释工作。

3.2.1　地震校准

地层解释的重点就在于将地震反射与测井曲线进行连接对比分析,尤其是地质目标层(储层)的反射,这一过程被称为连井对比。借助现代化的计算机工作站,利用测井速度函数可以将测井曲线的深度刻度换算成时间刻度,然后将测井曲线插入地震剖面中进行同时显示,从而可以进行对比分析。连接多个测井曲线的原则是岩性地层对比,与地震数据的时间层位对比在方法原理上是有区别的,有时两种方法所给出的结果是不一致的。同时显示就能够进行对比分析,找出测井和地震不一致的地方,以便对二者或其中一个进行修正。通常可以利用可靠的地震层位信息对测井剖面进行校正更改。例如,两口井中某套砂岩地层的特征非常相似,但是不能将二者连接起来,因为二者属于不同的沉积时期,只是具有类似的地质沉积环境和相似的测井曲线响应而已。测井标志层与地震标志层也许是不一样的,但是只要二者的空间变化趋势是一致的,这种对比结果就是可以被接受的。

地震反射波形含有地下地质信息,与井中的地质地层进行比对连接后就能够对地震反射的地质特征进行校准和解释。从地震波形的变化可以推测出来离开井点处地质参数的横向变化。地震连井校准通常使用的方法有合成地震记录、垂直地震剖面(VSP)和连续速度测井(CVL)。

3.2.2　合成地震记录

这是一种简单的正演模拟技术,是连井校准时最常用的方法。如图3.4(彩图见附录)所示,可以将一个合成地震记录道看成是位于井点处的一个地震道,由一个地震子波和井中的反射系数序列进行褶积而得来,其中由声波测井曲线和密度测井曲线可以得到反射系数序列。测井曲线对钻井液侵入和井况较为敏感,尤其是密度测井受影响极大。在制作合成地震记录之前,需要对测井曲线做适当的校正。同时也需要把声波测井曲线的漂移校正到真实的井中地震速度值上(参见第七章)。

尽管对测井曲线做了校正和调整,合成地震记录与地震可能仍然匹配不上(见图3.5)。这是因为制作合成地震记录时使用了不合实际的假设。不匹配的可能原因包括(1)根据测井曲线计算出的反射系数仅仅是针对垂向入射的情况;(2)井中的一维反射点与地震的Fresnel带反射原理是不同的;(3)合成地震记录中假设地层和反射界面都是水平的,这与实际地震记录情况是有差别的;(4)地震中的地震波传播效应和噪声没有被考虑进来;(5)用于褶积的地震子波的真实波形是未知的。

有时候解释人员发现合成地震记录与地面地震剖面匹配不上,这是由于井的位置与地震剖面中的位置出现了偏差。问题可能主要出在井的坐标与地面地震剖面的坐标是不一致的,需要对此进行核查。不过,也可能是由地震成像方面的不足造成的,比如地下地层并非是水平的,而是具有一定的倾角。针对这种情况,可以改变一下合成地震记录插入地震剖面中的位置,移动几个地震道再观察一下匹配情况。但是,有些情况下定位问题就比较难处理了,比如大角度的斜井以及地层倾角较大的情况,尤其是早期所使用的是未偏移或偏移较差

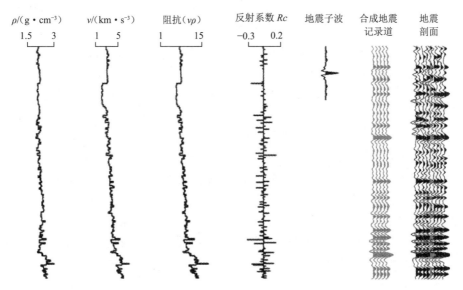

图3.4 合成地震记录的制作流程。从测井得到的阻抗计算出反射系数，并与一个地震子波进行褶积就可以得到一个合成地震记录，可以将其与实际记录到的地面地震剖面进行匹配对比。（得到位于加拿大 Calgary 的 TGS 所属部门 ASS 的许可）

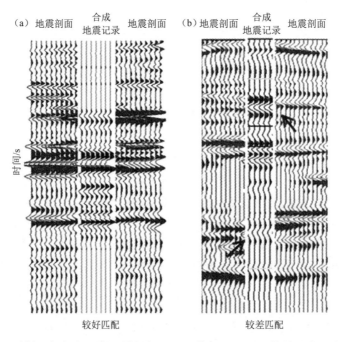

图3.5 地震剖面与合成地震记录的对比。（a）较好匹配；（b）较差匹配。注意在（b）图中，在剖面上部和下部二者之间振幅和相位都有一个明显的不匹配，这意味着可能需要对地震数据进行重新处理。（得到印度 ONGC 的许可）

的二维地震剖面。当时，偏移是一项昂贵而耗时的特殊处理步骤，在经济条件不许可的情况下不能过分追求数据质量，从而会省略偏移步骤。

如果地下地质情况比较复杂，地震成像问题就会比较突出，从而也会造成与合成地震记录的不匹配。如果地下存在强烈的各向异性，比如断层、河流—三角洲环境中沉积相剧烈的变化、地层尖灭,连井时就容易出现问题。CDP 剖面中的一次反射也会受到噪声的干扰,使得 NMO 速度分析不够准确,从而导致叠加地震剖面的质量不佳。

利用合成地震记录来校准地震剖面,除了用于推荐井位之外,也用于提取地下地层的信息,并且能够反映出所处理的地震数据的质量好坏。图 3.6 给出了这样一个例子。夹在石灰岩地层中有一套厚的页岩地层,在 CVL 曲线中展现出一个平直的特征,因而在合成地震记录中反射响应弱,但是在地面地震记录剖面中,页岩地层内部却出现了强反射轴。很明显,这是一个可疑的地震异常,这些强反射轴并不是一次反射,反而可能是多次波,需要对地震数据进行重新处理。

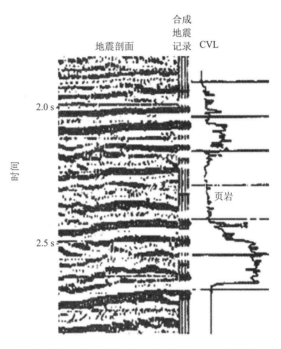

图 3.6　地震剖面、合成地震记录和 CVL 联合校准。三者之间整体匹配较好,但地震剖面中部的强反射轴与其他二者匹配不上,从 CVL 曲线上看,这一段平坦的响应是页岩段,在合成地震记录上的相应位置是没有反射轴的。因此,地震剖面中的强反射轴被怀疑是多次波造成的,需要对地震数据进行重新处理。(得到印度 ONGC 的许可)

3.2.3　垂直地震剖面(VSP)

VSP 是地震校准时的首选方法。VSP 调查在井中布置检波器来记录地面激发的地震波(参见第七章),VSP 能够准确测量垂向地震速度。VSP 记录了来自井眼周围地层的反射,与地面地震记录的匹配效果更好(见图 3.7)。但是实施 VSP 调查会增加钻井时间,有时为了降低勘探成本而不进行 VSP 调查。

3.2.4　连续速度测井(CVL)

声波测井可以给出声波穿过地层区间的时间,CVL 就是这样计算出地层速度曲线的,并将深度刻度转换成时间刻度,从而能够与地震剖面进行对比。这种对比方法比较简单,在缺乏 VSP 数据的情况下,可以利用井中的地质信息对地震剖面进行校准(见图 3.6)。

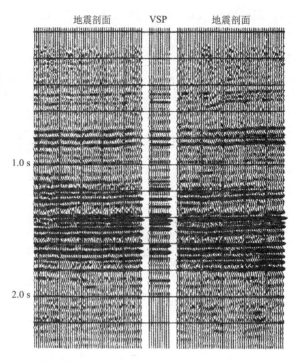

图 3.7　将 VSP 走廊叠加道插入地震剖面中进行对比分析。二者之间匹配完美。
（根据 Balch 等，1981）

连井校准之后就可以进行地层解释了，从而可以对油气远景区进行描述，对构造和地层细节进行预测，包括油藏的深度、几何形态和岩性。在这一阶段，也许需要对地震数据进行再处理，或者基于地质目标进行特殊处理，以提高特定时窗内的分辨率和目标地层的清晰度。一般来说，在层位追踪时需要避免使用跳跃追踪法和假想法。有时，为了提高反射层位的连续性而做的再处理，却未必符合地质目标，比如河流相和三角洲相沉积，反射特征突变和不连续性反而是其主要的识别特征。经连井校准后井点附近地震道的反射特征就可以得到解释了，如果离开井点反射特征出现了变化，这表明地质环境出现了改变，即地层沉积相和储层性质发生了变化，这有助于刻画油藏的边界（见图 3.8，彩图见附录）。严格的连井校准是地层分析的基础，其重要性不言而喻。

3.2.5　速度估算

对平均速度进行准确估算虽然是一项困难的工作，但对储层沉积相、深度、厚度、孔隙度和所含流体类型等预测工作来说是非常关键的环节。基于二维地震数据进行速度估算有好几种方法，选用哪一种方法却要根据地震数据的类型以及解释人员的经验和专业知识而定。如果区域内有井，但是却缺乏井中速度或测井速度信息（早期的或勘探程度低的区块），经基准面校正后的测井深度与地震剖面进行对比后就可以给出特定地层之上的平均速度。在测井深度和地震时间的关系图中，偏离回归直线就意味着速度的横向变化（见图 3.9）。但是，井中地层深度信息与对应的地震时间信息都需要确保准确无误。如果能从本区几口井中得到速度信息，就可以将这些数值连接起来绘制等值线，据此就能得到远景区比较可靠的速度场。另外一种得到速度场的方法就是根据密集网格的地震叠加速度制作等值线图，在制作之前需要根据井中速度或测井速度资料对叠加速度进行适当的编辑和校正。

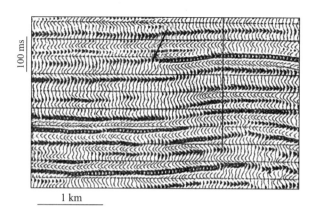

图 3.8　反射特征的改变意味着地震相的空间变化。反射轴的振幅和频率都出现了明显的变化（箭头所指处），这表示了反射轴连续性的终止。（得到印度 ONGC 的许可）

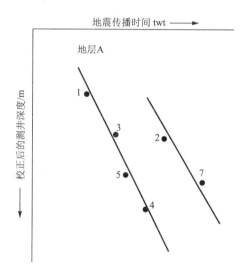

图 3.9　估算速度的交互图法。一个地区有几口井，但未做速度测井。经基准面校正后绘出地层 A 在井中的深度，同时绘出地震剖面中地层 A 所对应的时间，对这些点进行直线最佳拟合。这条直线就给出了地层 A 之上地层的平均速度，直线的平移（此例为右移）意味着速度的横向变化。

在计算机工作站中常使用一种叫作"层剥法"的技术来估算速度函数。将浅层的第一个地震层位与相应的测井深度进行匹配就可以得到层速度，然后匹配下一个层位，并计算地层厚度和速度。持续进行这一过程，直到更深层的匹配也完成为止。对附近的其他井也进行这种操作，这样就能够求出整个区域内的速度场了。不过，由于二维数据的分辨率和网格密度都比较低，受数据质量的限制，用这种方法得到的速度场的精度并不高。由于井间存在速度的横向变化，这种在井间进行插值的思路也具有局限性。

从地震 RMS 速度得到的层速度，在用声波测井速度校准之后，可用于预测储层沉积相的变化、孔隙度和所含流体性质。一个异常低速通常对应着高孔隙度，也可能意味着含天然气的储层，当然，需要在岩性没有变化的前提下才能做出这种判断。不过，地层速度对叠加过程中的缺陷特别敏感，尤其是地层区间较小时，对薄储层来说犯错的概率就会陡增。

有一个简单高效判别是否存在速度横向变化的办法，即在等时线图上，将钻井中得知的某个层位的深度信息标注上去[见图 3.10(a)]。深度在各井点处的变化如果与地震时间的变化趋势不一致,大体上就能表示本地区存在速度的横向变化。例如,在图 3.10(a)中,研究三对深度和时间的数值,1 340 ms 和 1 470 m,1 440 ms 和 1 600 m,1 500 ms 和 1 510 m,我们会发现,最后一对与另外两对的变化趋势存在矛盾,表明此处存在低速带。利用二维叠加速度图[见图 3.10(b)],证实了在这个区域确实存在低速带。

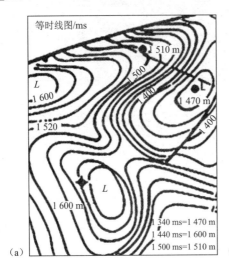

图 3.10　将地面不同位置钻遇到同一地层的钻井深度绘在等时线图上就会反映出速度的空间变化情况。将时间和深度配对,二者的变化梯度不一致(右下角所示)表明速度存在空间变化。从地震数据得到的等速度线图验证了速度存在空间变化,即图的上部和中部存在低速区。(得到印度 ONGC 的许可)

在这个典型的例子中,钻井深度趋势与地震时间趋势相反,表明这个地区存在严重的速度横向变化,这对解释人员来说是一个提醒。在这种情况下计算速度场时就需要进行谨慎的分析,在预测钻井位置时就要留意所预测出的深度信息。同时,对异常速度趋势进行分析,找到其背后的地质原因,这样才能确信异常速度的存在。不过,目前在三维地震数据占主导的情况下,速度问题并不突出,因为地震数据的空间采样密度更高,分辨率也会更好。

3.2.6　地震构造图

地震构造图不仅可用于确定钻井位置,也是地质储量估算时的主要输入信息。因此,在勘探开发中,需要制作精确的地震深度图,解释人员因而需要具备丰富的经验和专业知识。图件的精确程度依赖于层位追踪的可靠度,需要小心谨慎地拾取和对比地震反射的相位,并进行地层速度的准确计算。同时需要确保等值线(包括断层)符合地质意义,对地层特征和圈闭来说尤其如此。之前曾提到过,准确的速度估算是绘制精确图件的最重要保证。储层顶部深度和厚度预测出现了偏差的话,可能就会带来令人失望的钻探结果,实际地质储量也许因此会出现大幅下降。如果评估井钻遇的储层比预想的要深或是没有钻遇储层,这甚至会改变一个油田的经济可行性方案。根据经验,在一般深度(约 2 000 m)的情况下,预测深度与实际深度在三维地震条件下出现了 5% 的误差或在二维地震条件下出现了 10% 的误差都是可以接受的。随着深度的增加,预测误差会越来越大,因为地震速度的测量精度会越来越低。

钻井发现油气之后,工作目标就从勘探阶段转向了油藏描述阶段。不过,旧的地震数据会被重新拿来进行分析和解释,有时也会根据特定目的重新做特殊处理,甚至有必要新采集地震数据。如果新采集到了更好的地震数据,也有了钻井地质信息的支持,重新解释之后就会得到一套新的更准确的地震图,可以用来预测深度和油藏的几何形态。利用测井中的地质信息作为导引绘制地震等值线图,就能够将地震反射跟地层特征对应起来,比如河道砂岩、三角洲朵页体和坝砂岩的反射等。在计算机绘图过程中,需要人工干预,以便将特殊的绘图技巧和对地质特征的理解融入进去。图3.11展示了针对砂岩厚度的人工绘图结果和计算机自动绘图结果的对比,使用的地质沉积模型和数据集是同一个,其中计算机是基于协同克里金法进行绘图的。在人工绘制的等厚线图中[见图3.11(b)],重复出现了20 m等厚线,这反映了向北进入沼泽泻湖区后砂岩厚度不再增加的事实。计算机却给出了相反的结果,向北砂岩厚度持续增加[见图3.11(c)],这与地质模型[见图3.11(a)]是矛盾的。人的想像能够将先验的构造和地层信息融入进来,但是协同克里金法却只是按照数学原理在当前数据中插值而已。

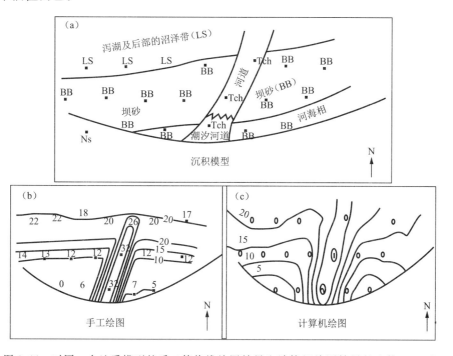

图3.11　对同一个地质模型的手工等值线绘图结果和计算机绘图结果的比较。(a)沉积地层模型;(b)手工绘制的砂岩等厚线图;(c)计算机绘制的砂岩等厚线图。计算机绘图依靠数学计算但缺乏人脑的想像力。在手工绘制的等厚线图中重复出现了20 ft等值线,这表示向北到了沼泽泻湖区砂岩,地层不再增厚了,计算机的绘图结果没能反映地质模型的变化。

精细的油藏平面图一般会使用小的等时线间隔(10 ms)和小的比例尺(1:10 000~20 000),以便更好地放大细节信息。同时需要保证,所有的细节都能够得到正确展示,以便用于准确地定位钻井的地面位置以及连井的位置。新绘制的地震图需要与钻探后已知的油气分布和流体交界面的位置一致,这样地震图的可靠性才会有保证。例如,一般情况下绘制的油藏顶面构造图都不会比已知的油水界面低。如果真的出现了这种异常情况,经过核查后确认无误,这就具有重大的意义,可能会改变远景区的油气分布情况;这可能是遇到了一个孤立的油藏,这对油田后续的开发具有重大的影响。在构造图中断层是一个很重要的因素,在油气运移和聚集中起关键作用。因此需要谨慎地对断层进行绘制和评估(参见第五章)。

3.2.7 地震地质剖面

利用地震地质剖面能够同时展示测井剖面和地震剖面(见图3.12)。据此可以将地震反射轴和测井曲线剖面进行对比分析,这是一种能使解释人员高效理解和消化吸收地层具体细节的方法。

在测井信息的约束下分析地震波形的横向变化,这样能够更好地分析和预测地层的细节情况。根据层速度的变化,加上反射振幅、频率和波形的变化,解释人员能够定量预测储层性质及非均质性的横向变化。利用高密度高分辨率的三维和四维地震数据进行解释,就能够定量预测出储层岩石和流体的性质(参见第八章)。

3.3 第三类:地震地层解释

地震地层学就是利用地震数据对区域地层情况进行地质解释。这是一个很有用的工具,尤其是对新勘探盆地来说,因为这时新勘探盆地也许还没有或者只有很少井信息。这个阶段为了了解盆地的演化历史并对油气聚集进行评估,即使只有几条稀疏的常规处理过的地震测线剖面也是非常有帮助的。据此能够了解盆地内油气生成、运移和聚集的大体情况,可以选定目标区并大体了解其构造和地层情况,进而对油气资源进行预测,确定出本盆地后续的勘探策略。

地震地层学方法基于对地震反射模式的分析。地层界面表明一个时期内没有发生沉积或是沉积环境发生了变化,从而产生了地震时间反射轴(Mitchum,1977)。由于界面两侧存在地层阻抗的差异,从而产生了地震反射轴,它与地质地层界面是平行的,因此可以将地震层位大体上看成是年代地层。利用年代地层之间的关系可以研究一段时期内层序的沉积过程。

通常来说,用地震图像就能够描述地下的地质情况了。可以认为,地震反射及其模式可以大体上反映地层界面的几何形状及沉积地貌。但是,根据地震确立的年代地层与岩性地层或生物地层的划分总是不一致,后面两种地层的划分方式并不是按这些地层是否属于同一个地质年代而定的。不同时期沉积的地层被称为年序堆积层,对年序堆积层的划分就会穿时。

地震地层学实际上是研究地震反射轴的空间延伸界限和反射模式的,以此来识别沉积序列,即通过分析地震相来解释与海平面变化有关的沉积环境和岩相。接下来我们简要介绍一下地震地层学的标准术语(Mitchum 和 Vail,1977),包括三个部分:地震层序分析、地震相分析和相对海平面变化分析。

3.3.1 地震层序分析

一个沉积层序是夹在两个不整合面或相关整合面之间的一系列地层,从地震剖面上可以识别出四种反射轴的空间终止形态(见图3.13)。一个不整合面将新沉积的地层与老的地

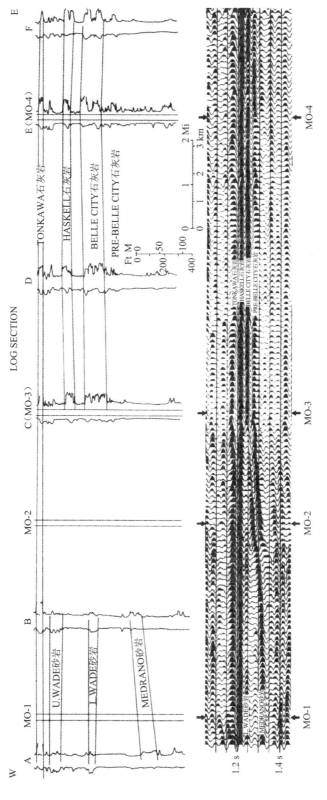

图 3.12　综合展示地震和测井剖面有助于更好地理解沉积相的横向变化。注意，在陆架终止处（箭头所指），反射特征由陆架石灰岩反射变成了砂岩反射。

层分隔开来。老的地层作为基底,新地层的反射轴终止在这个基底上被称为上超和下超。老的地层的反射轴向上方终止在新地层上,被称为顶超和截断。

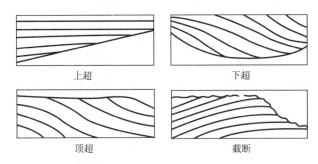

图 3.13　几种地震反射终止模式类型。可用于识别沉积序列。(根据 Mitchum 等,1977)

(1)上超。上超是在基底面上出现的不整合反射形态,可以是滨岸沉积也可以是海相沉积,比如向陆地方向在陆架沉积的非海相滨岸沉积物,或者是在盆地斜坡带加积的海相沉积物(见图 3.14,彩图见附录)。上超通常意味着相对海平面的上升。

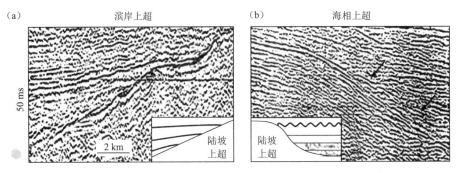

图 3.14　上超的地震剖面。这是一种基底面不整合关系(见插图)。(a)滨岸上超,海浪将陆源碎屑物反推到岸上堆积而成的沉积地层;(b)海相上超,深水相沉积物在陆坡沉积而成。

(2)下超。与上超一样,下超也是一种基底不整合关系,意味着向盆地方向地层沉积的扩展(见图 3.15,彩图见附录)。下超及地层的倾斜幅度表明了沉积物的运移方向及物源供应的丰富程度。大规模且快速的沉积物无序堆积可能会造成陡倾角的地层。

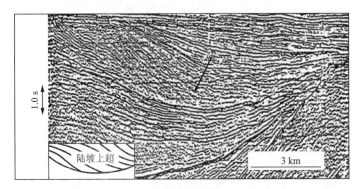

图 3.15　下超的地震剖面。下超(箭头所指)是一种基底面不整合关系(见插图)。

（3）顶超。顶超是老层序的顶部出现了不整合关系,上覆有新的沉积地层(见图 3.16,彩图见附录)。滨岸顶超表明海平面不变时浪基面之上出现了沉积中断或小幅度的侵蚀。顶超也可以出现在深海相沉积环境中。

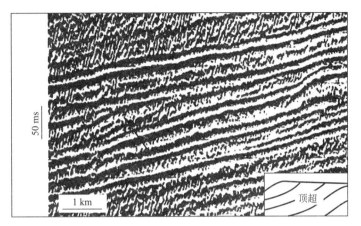

图 3.16　顶超的地震剖面。顶超(箭头所指)是一种顶面的不整合关系(见插图)。

（4）截断。截断是另外一种顶面不整合关系,老地层的反射轴与上覆的年轻地层呈角度不整合关系,意味着侵蚀成因(见图 3.17,彩图见附录)。

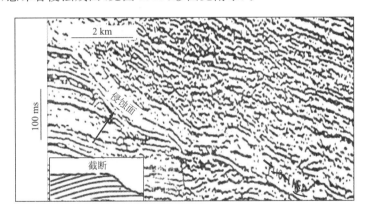

图 3.17　截断的地震剖面。这种顶面不整合是由河谷下切形成的(见插图)。

3.3.2　地震相分析

地震相分析通过地震图像中的特征来分析地质相,研究岩性随沉积环境和沉积过程的变化。地震相分析研究层序内部的地震反射模式及其他相关参数,来解释沉积环境及相关的岩相。对层序的地震相进行分析,内容包括反射轴的连续性和振幅、频率、内部反射形态、地层速度及层序的外貌轮廓等。

1.反射轴连续性和振幅

反射振幅在较大范围内的连续性就表示沉积环境是均一的,意味着海相沉积。一个区域内的不连续反射,即振幅变化较大的话,表示沉积相空间变化大,意味着陆相沉积。连续的高振幅一般对应着砂岩或石灰岩,厚的弱反射层段表示岩性没有变化,极有可能是海相页岩沉积,对个别沉积盆地来说,偶尔也可能是在特定地质条件下发生的厚的陆相砂岩沉积。

2.频率

从地震频率可以推测地层单元的厚度和沉积相的变化情况(参见第二章)。深层的低频地震反射和浅层的高频地震反射是地震剖面中常见的现象,这给出了地层相对沉积年代的线索,例如,有经验的解释人员容易从中区分老的中生代岩层和年轻的新生代岩层。

3.内部反射形态

层序内部的反射形态,被认为是反映了层序内部的地层构造形态,有助于评估沉积能量的高低情况。低能环境下往往沉积泥岩等细粒的碎屑岩,高能环境与砂岩等粗粒碎屑岩沉积有关。有两个因素决定了沉积模式(1)携带沉积物的水流的能量高低;(2)可容空间,即盆地沉降与物源供给之间的均衡。

下面简要介绍一些常见的层序内部地震反射形态及其地质意义。

(1)平行状和发散状地震相。平行和准平行反射模式表明沉积速率稳定且盆地边缘的沉降速率也是稳定的。相反,发散状反射模式意味着沉积速率出现了横向变化,且沉积底面逐渐倾斜(见图3.18)。

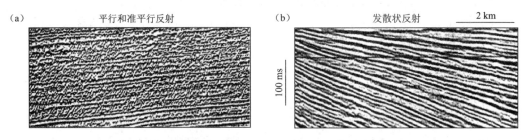

图3.18 一个地震层序的反射形态。(a)平行和准平行反射,意味着沉积速率均一,沉积
环境为整体沉降的盆地,或是较为稳定的盆地边缘地带;(b)发散状反射,沉积速率存在横
向变化,沉积面逐渐倾斜。(得到印度ONGC的许可)

(2)进积斜坡地震相。进积是沉积向前推进的一种形式,即物源供给过高,可容空间相对不够且沉积速率相对较低(见图3.19)。进积斜坡是指倾斜的沉积地层,地层展布受水流的影响,能完美反映出不整合面、相对海平面变化、沉积时的水深以及沉积能量。斜坡层序的顶面和底面给出了古水深的线索,有助于区分浅水三角洲沉积和深水沉积。三种最重要和最常见的斜坡地震相是S状斜坡相、倾斜状斜坡相和叠瓦状斜坡相。

图3.19 不同类型进积斜坡沉积反射形态的示意图。沉积能量和沉积环境特征各异。
(根据Mitchum等,1977a,b)

① S状斜坡相。可由沉积界面的垂向累积(加积)识别出来(见图3.20)。加积意味着高沉积速率,以及相对海平面的快速上升和可容空间的增大,描绘了一种低能深水沉积环境。

② 倾斜状斜坡相。其特征是层序的上下界面都是上超、下超、顶超、截断反射轴终止模式。根据其底面的倾斜幅度,可以将这种进积层序分成斜切和斜平行状两种(见图3.21)。这种地震相反映了高物源供给、盆地沉降慢、相对海平面变化不大、高能沉积环境。

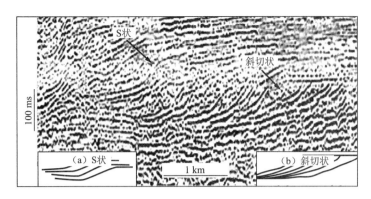

图 3.20　S状和斜切状进积沉积(见插图)的地震剖面。(a) S状进积,垂向加积意味着高物源、低能量和深水沉积环境;(b) 斜切状进积,这个具有顶超的斜坡沉积意味着高物源、高能量和稳定海平面环境下的沉积。

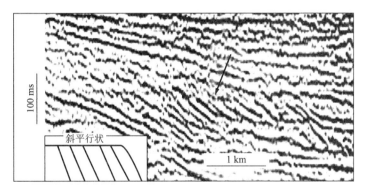

图 3.21　斜平行状斜坡沉积(见插图)的地震剖面。上部的顶超意味着相对充足的物源供给、水流能量高、海平面相对稳定。地层的倾角较大。

③ 叠瓦状斜坡相。叠瓦状斜坡相与斜平行状地震相类似(见图 3.22),不过斜坡的倾斜幅度不大,上边界的顶超和下边界的上超、下超都不明显。此进积界面的形状表明物源供给较低,是浅海相略微倾斜的稳定台地沉积环境或是三角洲相高能沉积环境。

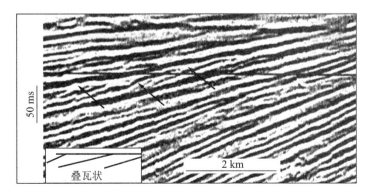

图 3.22　叠瓦状进积的地震剖面。这意味着物源供给低、高能,三角洲或浅海沉积环境。注意较隐蔽的顶超(箭头所指)。

④ 丘状、混乱状和空白状地震相。丘状地震相一般与低能沉积环境有关,如三角洲间和前三角洲页岩沉积。混乱状地震相一般与高能沉积环境有关,如河道、扇体、礁体、浊积岩等。空白状地震相可能与复杂的构造运动变形区、盐底辟和泥底辟或超压地层有关。

4.地层速度

正如之前提到过的那样,地层速度能够反映岩性,可由声波测井速度或井中得到的平均速度或地震叠加速度得到。尽管存在局限性,地震叠加速度仍然是非常有用的,经解释人员仔细分析后可预测出岩性(参见第二章)。不过,问题是岩石有一定的速度变化范围,不同岩性间会发生重叠。通过地震地层学方法对沉积环境进行分析,综合利用速度信息,就可以对岩性及其在层序内的变化情况进行可靠的预测。

5.层序的外貌轮廓

在平面图中研究一个地震层序的外部几何形状,对预测地质沉积特征极其有用。例如,解释出的河流系统,在振幅时间切片图中不应该与古海岸线平行。将反射不整合形态、层序内部反射形态、地层速度以及层序的外貌轮廓综合起来进行分析,就能够得到地质体的沉积能量和沉积相等可靠信息。在地震剖面和切片中,常见的层序外貌轮廓包括楔形体、扇体、透镜体、丘体和河谷充填体。楔形体一般与河流相和浅海陆架相有关,再根据振幅和反射轴的连续性得出层序内部的反射形态,就能够提供沉积能量和岩性的线索。扇体、透镜体和丘体的反射振幅较弱且不连续,通常与高能沉积环境有关。不过,这里需要指出,在不同的地质条件下,地震反射变化极大,观察到的地震相需要限定在特定的地区才有意义。

海槽、峡谷和河道的充填沉积类型各异,研究其反射形态具有重要的地质意义,能够反映出盆地沉降幅度、沉积能量高低和沉积变化等信息(见图3.23)。如果海槽充填物具有平行状和发散状反射轴,振幅的连续性也较好(见图3.24和图3.25),这意味着低能海相沉积,盆地沉降幅度可忽略不计。丘状和无序状河谷海槽充填沉积具有不连续和混乱的反射特征(见图3.26),表明高能沉积环境,例如浊积岩、下切河谷及充填的砂岩复合体。进积状及不规则充填意味着沉积能量多变,例如碎屑流和重力流。空白状的河谷充填沉积意味着低能和细粒碎屑沉积(见图3.27)。

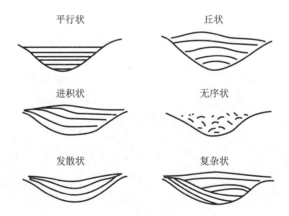

图3.23 一些河谷的外貌特征及内部充填特征的示意图。这是地震相分析中常见的几何形态。内部充填物的反射形态很好地反映出了当时的盆地沉降速率、水动力条件和沉积相特征。(根据Mitchum等,1977)

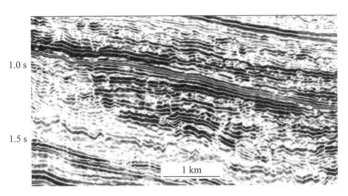

图 3.24 一个具有平行状反射形态的河谷充填地质体的地震剖面。这是一个河道充填沉积,具有近似平行的内部反射形态。分层及平坦的地层表示低能量沉积(细粒碎屑物)、河谷稳定且没有沉降。(得到印度 ONGC 的许可)

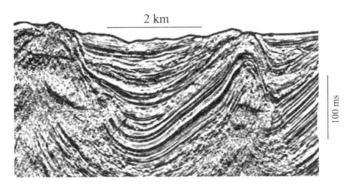

图 3.25 一个具有发散状反射形态的河谷充填地质体的地震剖面。由于河谷两侧侵入体的持续上顶运动,河谷相对下陷。(得到印度 ONGC 的许可)

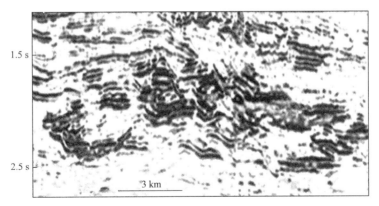

图 3.26 一个具有丘状和无序状反射形态的河谷充填地质体的地震剖面。高振幅、反射轴不连续、反射形态混乱表明了高能沉积环境(粗碎屑物沉积)。

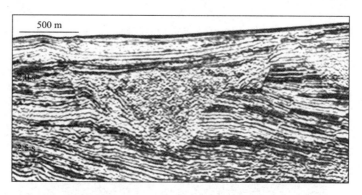

图 3.27　一个具有空白状反射形态的河谷充填地质体的地震剖面。这表明低能细粒碎屑沉积。(得到印度 ONGC 的许可)

3.3.3　相对海平面变化(RSL)分析

　　研究沉积环境的一个重要方面就是研究海平面随时间的变化,海平面确定了海岸线的位置及沉积体系的划分。全球范围内的海平面变化被称为全球海平面变化,被用于冰川研究和全球地质年代研究。在区域范围内研究海平面相对于地表的升降被称为相对海平面变化(Mitchum,1977)。相对海平面变化(RSL)、物源供应量以及海岸线变化决定了可容空间、沉积相类型、沉积过程、地层厚度和沉积模式,在勘探中是了解油气聚集的关键因素。

　　从地震层序分析可以推测出关键的相对海平面变化事件。滨岸上超逐渐向陆地方向移动就意味着相对海平面的上升,向海的方向移动就意味着下降(被动海退或退覆)。从地震剖面中可以清晰地推测出相对海平面的下降,比如进积斜坡逐渐向盆地方向移动(见图 3.28)。

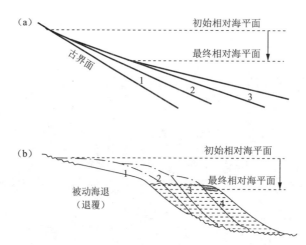

图 3.28　相对海平面下降形成海退沉积相的示意图。(a)上超向海方向移动(退覆);(b)斜坡沉积向下移动。随着海平面的下降,海退沉积相向盆地方向移动,这被称为"被动海退"。[改编自 Vail 等(1997)的图 3.28b]

　　单纯的相对海平面的上升或下降并不能决定沉积相是海进还是海退的。海进或海退是由海岸线的移动方向来决定的,究竟是向陆地方向移动还是向海的方向移动,并不是由海平面的变化来定义的,有时这两个概念容易出现混淆。海岸线是海相沉积和陆相沉积的分隔线,海岸沉积相的特征是潮汐高低变化环境下沉积的滨岸沉积物。对目标勘探来说,对海岸线进行描绘具有非常重要的意义,因为有好几种具有重要勘探价值的高能储层沉积相都出现在海岸线上或其附近。可惜的是,缺乏钻井信息支撑的话,单纯依靠地震数据是很难绘制出古海岸线位置的。

这里需要指出的是,海岸线的移动并不仅仅与海平面的上升和下降有关,与那一时期沉积物的供给速率也有重大的关系。例如,同样是在相对海平面上升过程中,海进、海退或稳定海岸线沉积相都可以出现(见图 3.29),这要看相对海平面变化(包括盆地沉降)与物源供给量之间的博弈结果。在相对海平面上升期间,海岸线向海方向移动所导致的海退沉积相就被称为正常海退,而在相对海平面下降期间出现的则被称为被动海退。

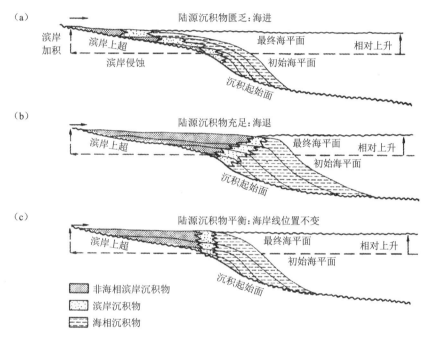

图 3.29　相对海平面上升时海岸线移动方向的示意图。这里面起控制作用的是沉积物的供应量。(a) 向陆地方向移动(海进),物源匮乏;(b) 向海方向移动(海退),物源充足;(c) 保持不变,物源供给与海平面上升速率达到了平衡。(根据 Vail 等,1977a,b)

3.4　第四类:地震层序地层解释

层序地层学是高级版本的地震地层学,试图非常具体地揭示沉积过程以及层序的内部结构。一个沉积层序是在一次海平面旋回期间由不整合面包裹起来的地层集合;一次海平面旋回是指一个时间跨度,从海平面处于低位,到上升至高位,然后再下降回低位为止。一个旋回的跨度可能是几百万年,也可能是几千年,要根据海平面变化的尺度大小而定。地震地层学主要应对第三级层序,即 1～500 万年的时间跨度或更长时间(即更低一级层序)(Mulholland,1998)。相反地,层序地层学研究更小时间跨度的海平面变化,或更高一级层序旋回,比如小到几百年的跨度。层序地层学主要是分析地层露头,综合研究宏观的测井信息和微观的岩芯数据。层序地层学研究对象的沉积持续时期比较短,层序因而很薄,比更低级(时间跨度更大)的地震地层层序薄,受地震带宽和分辨率的限制,用地震数据很难对其进行研究。不过,对层序地层学分析来说,有时候中观尺度的地震数据也是必要的资料。借助地震数据资料,从测井、岩芯和沉积学数据进行更高一级的层序地层学分析就被称为地震层序地层学。

与地震地层学不同,层序地层学有自己的专业术语。层序地层学主要关注体系域的研究。一个沉积层序是在一次海平面旋回过程中沉积下来的一个或多个体系域的集合,每个体系域内都包含一系列的继承性地层。根据海平面相对于海岸线的位置,可以将体系域分成三种类型,都可以根据测井数据、岩芯数据和高分辨率地震数据对各个类型进行识别。下面介绍这三种高度简化的层序地层学模型。

3.4.1 低位体系域(LST)

海平面低于陆架边缘就被称为低位。低位时在不整合面之上沉积的层序就被称为低位体系域(LST)。根据沉积供给率的高低不同,低位体系域内可能会存在多种沉积系统,包括边坡和盆底扇、扇三角洲、海底河道、不含进积三角洲的进积楔形复合体(Neal 等,1993)。根据地震反射的外貌轮廓及其内部反射形态可以推测出低位体系域,如丘状、扇体和楔形体等外貌,以及无序状、丘状和进积斜坡状等内部形态。

3.4.2 海进体系域(TST)

海平面快速上升过程中,如果沉积物供给匮乏,海岸线就会向陆地方向移动。在这一时期,可以用一个模型来描述盆地,这就是海进体系域(Neal 等,1993),即低位体系域楔形体侵蚀剥落下来的碎屑物在水流的作用下会向陆地方向沉积下来。原则上说,可以从地震相来对其进行识别,对应着向陆地方向的上超层序,最上方是最大洪泛面沉积,这也被称为准层序。不过,海进体系域层序通常很薄,超出了地震分辨率的范围。海进体系域的顶部就是海水所能覆盖的最大区域范围,即最大洪泛面(MFS),在这期间局部沉积了一层薄薄的海相页岩地层,也被称为浓缩地层。浓缩地层(即 MFS)被认为是良好的烃源岩,有时在地震上与上覆层一起形成了连续的下超相,能够区分开其上方和下方的反射特征。

3.4.3 高位体系域(HST)

海平面上升到最高值后开始逐渐下降,露出了大片的陆地,又开始了丰富的物源供给,这时就形成了高位体系域。这种逐渐向海的方向沉积的准层序,在地震上容易被识别出,其特征是深水沉积模式,如 S 形进积斜坡并下超到浓缩层序之上。最后,海平面下降到沉积线以下,高位体系域的顶面就会遭受侵蚀,整个沉积过程就完成了,其顶部的侵蚀不整合面的出现就代表着这个层序的完成。

Baum 和 Vail(1998)给出的一个层序的生长模型如图 3.30 所示,其中所含体系域的地震识别特征见表 3.1。图 3.31 也给出了地震剖面的实例,介绍如何根据地震相和地质体的外貌轮廓来识别各种体系域。联系沉积体系的知识,可以据地震反射特征来识别各种沉积特征,如河道充填沉积、边坡或盆地扇、进积斜坡、下超等。

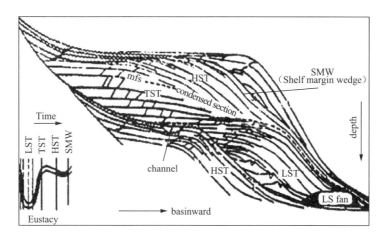

Eustacy—全球海平面变化，Time—时间，SMW（Shelf margin wedge）—SMW 陆缘楔形体，channel—河道，basinward—盆地方向，depth—深度，LST—低位体系，TST—海进体系域，HST—高位体系域，condensed section—浓缩层序，LS fan—低位扇，mfs—最大洪泛面

图 3.30　一个层序生长过程的示意图。详细记录了以几百年为周期的短周期海平面变化下的沉积过程（高序级层序）及其内部框架结构。与之对应，地震地层学研究以 1～500 万年为周期变化的三级或更低级（时间跨度更长）层序。（改编自 Baum 和 Vail，1998）

表 3.1　一个层序的生长过程模型、沉积特征及地震识别特征

	体系域	沉积特征	反射特征，外貌轮廓
一个沉积序列的生长过程	不整合面		
	海平面高于陆架边缘且物源供给充足	海平面上升且物源匮乏	海平面低于陆架边缘且物源供给充足
	楔形进积沉积，具有加积特征	薄的向陆地方向的上超，顶部有一薄层的海相页岩沉积，是浓缩层序（最大洪泛面）	进积沉积，典型的楔形复合体，上部是三角洲沉积，下部是边坡/盆地底部扇体、扇三角洲、海底河道充填沉积等
	S状斜坡下超地震相，底部是弱的连续反射轴（最大洪泛面）	弱的下超或无反射，通常超出了地震分辨率的极限	叠瓦状/倾斜状进积斜坡地震相，具有扇体和丘体的外貌，内部是无序状或丘状反射

　　高序级层序的沉积时间跨度小，通常很薄，难以在地震上进行识别。不过，通过研究地质体的反射模式和内部反射形态，根据特定的沉积特征可以在地震上进行识别，实例见图 3.31（彩图见附录）。

　　不过，这种开创性的层序生长模型是基于对沉积环境因素的三个假设的：（1）需要有典型的陆架和边坡几何构造，如被动陆缘盆地；（2）是多旋回的海相沉积；（3）随着海平面的相对变化，沉积物的供给速率也发生合理的改变。有关盆地的任何一个地质因素的改变，包括构造运动、沉积环境（水流）、物源供给速率、沉积底面的倾斜幅度等，都会阻碍我们对层序地层生长模型的全面掌握。这种地质变化会极大地改变沉积层序的模式及表 3.1 中所描述的几何特征。层序地层学分析通常对被动陆缘盆地即高碎屑沉积物供应量有效，也有

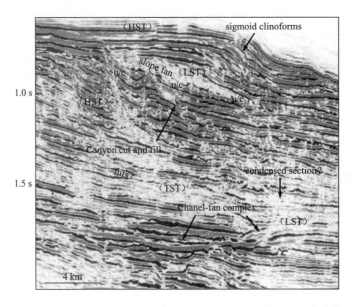

HST—高位体系域, sigmoid clinoforms—S状斜坡相, slope fan—坡积扇, LST—低位体系域, u/c—不整合面, canyon cut and fill—峡谷下切及充填, chanel-fan complex—河道及决口扇复合体, condensed section—浓缩层序, mfs—最大洪泛面

图3.31 一个根据地震反射模式及地质体的外貌轮廓特征解释地震层序地层体系域的典型例子。其中有河道充填沉积、边坡/盆地底部扇体、进积斜坡及下超等。

报道说对碳酸盐岩沉积同样适用。不过,这种分析技术并非对所有类型的盆地沉积都是有效的。

3.4.4 地震层序地层学的应用

地震层序地层学综合利用测井分析、岩芯(生物地层学和沉积地层学)和高分辨率高密度(三维)地震数据来提高对油藏的理解,尤其是隐蔽地层圈闭油藏。对油藏描述和表征来说,地层几何特征及其空间展布的具体细节是至关重要的信息,尤其是在研究油藏内是否存在小的层间准不整合面时。准不整合面是一种由沉积中断而造成的不整合面,与地层是平行的,因而这种不整合面更像是一个地层面。准不整合面在水平方向可以是渗透性通道,但是垂向可能不是渗透性的,从而在层序内会造成垂向不连通,会影响后续的油气开采阶段和注水阶段的流体流动。

3.5 地震地层学和地层解释

地震地层学和地层解释是两个常见的名词,虽然听起来很像,但是并非同义词。在作者看来,这两种方法存在着哲学上的区别,无论如何,二者是相辅相成的,都是为了进行地震数据解释和评估,具有共同的目标。二者的核心区别见表3.2。

尽管地震地层学和地层解释听起来很像,但二者却并非同义词。如表3.2所示,这两种技术在几个重要的方面都差异巨大。

表 3.2　地震地层学和地层解释的对比

序 号	地震地层学	地层解释
1	无井或少井条件下进行初步的区域性解释;通常发生在勘探的第一阶段	经过连井校准后的高级综合解释;用于勘探的高级阶段,一般用于储层刻画和开发阶段
2	一般利用常规处理过的长测线大间距二维地震数据	一般使用精细处理过的具有更佳分辨率的密集网格的二维和三维地震数据
3	整个时间剖面的常规解释,以了解盆地的演化,用于对远景区进行评估	在特定远景区内对特定目标时间窗口进行具体分析
4	用于了解沉积环境和构造运动历史	预测出岩石和流体的性质,作为储量计算的输入参数
5	粗略绘出区域构造图	对油藏和储层进行高精度高分辨率绘图
6	是盆地评估和远景区含油气评价的有利工具,用来诊断盆地资源潜力	用于对含油气远景区进行刻画和开发;用于储层刻画和表征,以进行油藏模拟

参考文献

1 BALCH A H,LEE M W,MILLER J J,et al,1981. Seismic amplitude anomalies associated with thick First Leo sandstone lenses,eastern Powder River Basin,Wyoming. Geophysics,46(11):1519-1527.

2 BAUM R G,VAIL P R,1998. A new foundation for stratigraphy. Geotimes,43:31-35.

3 GALLOWAY W E,YANCEY M S,WHIPPLE A P,1977. Seismics tratigraphic modeling of depositional platform margin,Eastern Anadarko basin. AAPG Memoir,26:439-449.

4 MITCHUM R M Jr,1977. Seismic stratigraphy and global changes of sealevel:part Ⅱ. Glossary of terms used in seismic stratigraphy,section2. Application of seismic reflection configuration to stratigraphic interpretation. AAPG Memoir,26:205-212.

5 MITCHUM R M Jr,VAIL P R,1977. Seismic stratigraphy and global changes of sealevel,Part7. Seismic stratigraphic interpretation procedure. AAPG Memoir,26:135-143.

6 MITCHUM R M Jr,VAIL P R,THOMPSON S Ⅲ,1977a. Seismic stratigraphy and global changes of sealevel:part2,The depositional sequence as a basic unit for stratigraphic analysis. AAPG Memoir,26:53-62.

7 MITCHUM R M Jr,VAIL P R,SANGREE J B,1977b. Seismic stratigraphy and global changes of sealevel:part6,Stratigraphic interpretation of seismic reflection patterns in depositional sequences. AAPG Memoir,26:117-133.

8 MULHOLLAND J W,1998. Sequence stratigraphy:basic elements,concepts,and terminology. The Leading Edge,17(1):37-40.

9 NEAL J,RISCH D,VAIL P,1993. Sequence stratigraphy-a global theory for local success. Oilfield review,5(1):51-62.

10 TANER M T,SHERIFF R E,1977. Application of amplitude,frequency and other at-
    tributes to stratigraphic and hydrocarbon determination. AAPG Memoir,26:301-327.

11 VAIL P R,MITCHUM R M Jr,THOMPSON S Ⅲ,1977a. Seismic stratigraphy and
    global changes of sealevel:part3,Relative changes of sealevel from coastal onlap.
    AAPG Memoir,26:63-81.

12 VAIL P R,TODD R G,SANGREE J B,1977b. Seismic stratigraphy and global changes
    of sea level,part5,Chronostratigraphic significance of seismic reflections. AAPG
    Memoir,26:99-116.

第四章 构造运动及其地震解释

构造地质学研究在地质应力的作用下地壳的变形及演化过程,在石油勘探领域发挥着重要的作用。将不同应力环境下的构造形变进行分类,它们在地震图像上会有典型的显现特征,可以很方便地进行识别。本章简述每种应力环境下常见的地质构造运动结果,并用实际的地震图像和示意图给出其地震识别方法。

基于地震数据,构造地质学研究应力环境、由此带来的形变结果及演化历史,与地震地层学名词的来源类似,或许可以将此称为地震构造学。

构造地质学研究应力作用下地壳的形变及演化过程。构造地质学研究有助于理解天然地震、火山以及与地质地貌有关的大的侵蚀和沉积事件。在石油勘探领域,利用构造地质学可以帮助分析烃类的产生、排出和聚集等过程。掌握构造应力环境及其在不同地质时期内的演化特征,这有助于评估含油气盆地的地质演化情况。应用到地震解释方面,构造地质学的知识有助于评估远景区的油气资源潜力,最初是从介入指导地震层位的追踪而开始发挥作用的。例如,如果解释人员熟悉本地区的构造类型,可以降低在地震数据较差情况下利用"假想法"和"跳跃追踪法"进行层位追踪时的主观性。

构造应力也会改变岩石的物理性质,如弹性和密度,这会在地震响应上有所体现。在造山运动带,有效构造应力很大,这会改变岩性,进而会影响地震反射。在大的挤压应力的作用下,相比于其他地方相同的岩性,逆掩断层带的岩石可能会具有更大的密度和速度。不过,在沉积盆地内,水平构造应力会比垂向应力小,构造应力很难改变岩石的性质。

借助地震数据,人们可以很方便地对构造应力及其作用下地壳的形变和演化历史进行分析。利用地震数据来研究地质构造就被称为地震构造学,这与地震地层学术语的来源有些类似,那是利用地震数据来研究地层学的。

地下任何一点的应力都是垂向的静岩压力(或称上覆层压力)、静水压力(或称孔隙压力)以及水平方向的构造应力共同作用的结果。不过,利用地震数据最方便分析的是构造应力及其作用结果,本章只讨论这项内容。构造应力来源于外部的地质作用,根据主应力的方向,可以划分成四种类型:拉张、挤压、剪切(或称扭转)以及底辟(泥底辟和盐底辟)。第四种类型底辟,严格来讲本应归属拉张应力的范畴,这里将其独立出来是因为其在地震图像中具有独特的垂向几何构造特征。

每一种构造应力类型都对应着一类特定的形变和构造特征,大多数在地震图像中都有清晰的反映。可以利用地震剖面和平面图对构造应力和构造运动结果进行分析。对一些常见的地质构造,它们产生的地质应力环境如何,解释人员如何在地震图像中对其进行识别和分析,针对这些问题,本章利用地震图像和示意图的形式,给大家带来一个容易理解的基础性介绍。

4.1 拉张应力下的构造

4.1.1 压实/披覆褶皱

当沉积物在古构造高点沉积时,古构造高点上方的地层和侧翼上方地层的沉积厚度和压实情况是不同的,因此形成了压实/披覆褶皱构造。从地震图像中来看,在古构造高点的上方,地层的时间厚度小(认为地层的真实厚度小),在古构造高点的侧翼,地层厚度较大(见图 4.1,彩图见附录)。

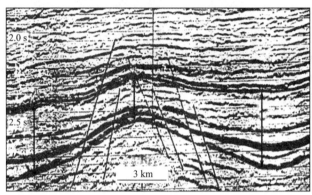

图 4.1 由差异压实所导致的披覆褶皱的地震剖面。沉积在古构造高点上方的地层在压实过程中积聚了拉应力,受地形的控制,古构造高点顶部的沉积层比侧翼的薄。注意越向浅层,背斜构造的起伏高度越小。(得到印度 ONGC 的许可)

4.1.2 由正断层形成的地垒和地堑

地垒和地堑是与正断层有关的构造(见图 4.2)。夹在两个断层之间的地块,相对于断面出现上升(地垒)或下降(地堑),断面通常与古沉积走向是平行的,在地震平面图中可以清楚地反映出来。

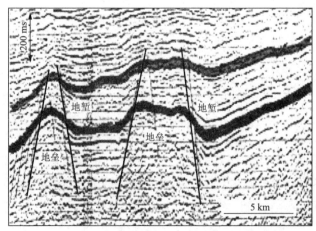

图 4.2 拉应力区地堑、地垒及相关断层组合的地震剖面。夹在两个正断层之间的地块,根据其相对运动的方向对其进行定义,地垒对应上升地块,地堑对应下降地块。(得到印度 ONGC 的许可)

4.1.3　压实断层和重力断层

压实断层是大倾角的无根断层,越向深处断面倾角和断距就越小,不会延伸入更老的地层内(见图 4.3)。这种断层大多发生在厚的细粒碎屑岩地层中,因为这种地层会承受较大的压实作用。作为一个必然的推论,向深处断面倾角不减小的话,就认为这种断层是在沉积压实后又发生的。

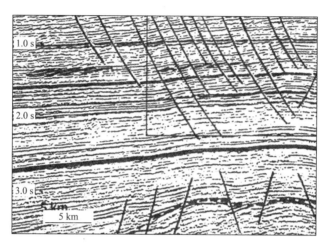

图 4.3　压实断层的地震剖面。压实断层是在拉应力背景下发生的无根的沉积后断层,在厚的碎屑岩地层中易于识别。这种断层发源于浅层沉积年代较轻的碎屑岩地层中,断层活动向下逐渐变弱,不会延伸到更深的地层中,因此被称为是无根式的。(得到印度 ONGC 的许可)

相反地,重力断层是由深部的构造应力所引发的。重力断层可分成同沉积断层、再生断层和沉积后断层(或称新断层)。根据地震图像中的断距形态、断层两侧上盘和下盘地层的厚度变化情况,可以有针对性地研究断层发生的年代、历史和类型(见图 4.4)。

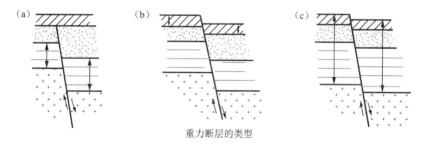

重力断层的类型

图 4.4　由基岩断裂而引发的重力断层的示意图。(a)同沉积断层是沉积和断裂同时发生的过程,上盘的沉积厚度大于下盘;(b)再生断层是一个早先已经存在的断层后来又恢复了活动,使上部更年轻的地层发生了错断,越往下部断距越大(早期的断距加上新的断距);(c)沉积后断层是指所有地层已沉积后又发生的贯穿式错断,深浅层断距相同。

4.1.4　铲状断层、生长断层和滚动构造

铲状断层是无根的正断层,在地震剖面中其断层面向上凹,越往深处,断层面倾角越小,

最终融入地层界面中。生长断层是同沉积的铲状断层,其特征是在断层的上盘地层(生长)变厚(见图 4.5 和图 4.6)。这里需要指出的是,并非所有的铲状断层都是生长断层。有时,生长断层的上盘由于沉积荷载过大,地层就会不稳定,在重力作用下沉积物就会沿断面滑动,从而形成了滚动构造,在地震剖面中呈滚动背斜的形态(见图 4.7)。不过,并非所有的生长断层都会伴随有滚动背斜构造。

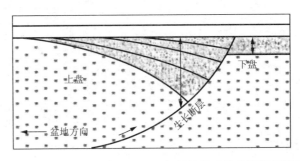

图 4.5　拉应力区生长断层的示意图。此生长断层是无根的同沉积铲状断层,断面是向上凹的,向深层断面倾角逐渐变缓直至融入水平地层。由于生长断层的凹面朝上,上盘就会沉积更厚的地层。

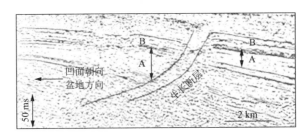

图 4.6　生长断层的地震剖面。其特征在于凹型的断面朝向盆地方向,上盘的地层A 变厚(生长)。注意,断面两侧的 B 地层的厚度是近似相等的,这意味着 B 地层沉积时断层没有活动,B 沉积后又重新出现了活动。

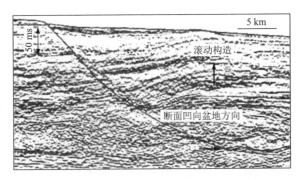

图 4.7　伴随生长断层而出现的"滚动"构造的地震剖面。断层上盘的超负荷导致了沉积地层的失稳和沿断面的滑动,从而形成了滚动背斜构造。(得到印度 ONGC 的许可)

4.1.5　圆弧形断层及相关的尾端冲断、叠瓦状断层

圆弧形断层常出现在盆地边缘的斜坡带,是由边坡上的细粒碎屑沉积物荷载过高而形

成的(见图 4.8)。过荷载会导致边坡失稳,在重力作用下,流动性沉积物沿着断层面出现滑动,即重力构造运动。这种断层的常见特征是在断层的尾端会伴随有冲断断层。这些冲断断层被称为尾端冲断,是尾端地层在抵抗上方流下来的泥质沉积物时产生的。严重的重力构造运动会产生大规模的地层滑动,形成叠瓦状断层,在倾角地震剖面中展现得非常清楚(见图 4.9)。需要注意的是,需要将这种断层与挤压应力区内形成的叠瓦状断层区分开来。

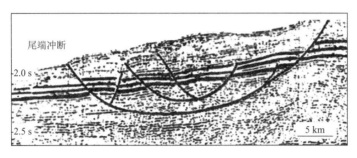

图 4.8 边坡区常见的圆弧形断层组合的地震剖面。在重力的作用下,细粒碎屑岩的持续沉积造成了滑坡,沉积层会沿断面向下方滑动。由于在尾端会产生反滑坡力来试图支撑这些流动性泥岩,在坡脚处常会出现小规模的尾端冲断层。(得到印度 ONGC 的许可)

图 4.9 在拉应力环境下形成叠瓦状逆断层组合构造的地震剖面。在重力作用下,巨大的流动性泥岩形成了滑坡,在泥岩内部由于反滑塌作用而产生了挤压应力,产生了一系列产状相近的逆断层,从而组合成了叠瓦状构造。需要将这种重力构造运动与挤压构造运动区出现的叠瓦状构造区分开来。(得到印度 ONGC 的许可)

4.2 挤压应力下的构造

4.2.1 褶皱/联排褶皱

挤压褶皱的地震特征是顶部地层的(时间)厚度不小于侧翼地层的厚度(见图 4.10,彩图见附录)。这与披覆褶皱的地震特征是截然相反的。

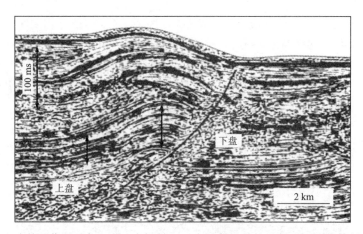

图 4.10　在挤压作用下产生了一个褶皱和一个逆断层的地震剖面。此处褶皱的特征是顶部地层比侧翼地层厚(箭头标记),这与披覆褶皱地层厚度的分布情况是相反的。

4.2.2　逆断层、冲断层和逆掩断层

逆断层和冲断层(低倾角逆断层)可以包括基岩断裂,也可以不包括。断面倾角小的逆断层就被称为冲断层,角度特别小的冲断层就被称为逆掩断层。如果冲断层的断面并没有延伸入基岩地层内,而是融入基岩顶面中,就被称为滑脱。地质术语"滑脱构造"就是指这种构造运动(见图 4.11)。

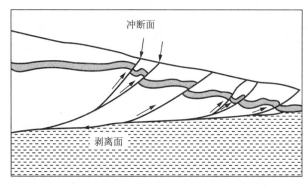

图 4.11　挤压区滑脱构造的示意图。向基岩面的方向,冲断面的倾角逐渐减小,直至融入基岩顶面,此时被称作"滑脱面",断面不会再向下延伸了。(摘自 Wikipedia)

对逆断层和冲断层来说,理解这种地质现象的关键点就在于掌握挤压作用下各个地块是如何向上运动的,即"聚散度"。聚散度的决定因素包括应力作用下的古地形特征、已经存在的断层和易变形区(见图 4.12)。例如,如果沉积地层是平的且不含断层,在应力作用下,很难确定聚散度;反之,如果已经有一个断层存在了,就容易判断出,在挤压力的作用下断层的上盘会向上运动。从地震剖面中可以很方便地推测出聚散度,从而掌握构造运动的历史特征,重构出古构造形态,这对评估油气远景区是非常重要的。对新手来说,掌握好了聚散度的概念,就容易理解一些令人迷惑的现象,比如地震图像显示,一个断层在深处是正断层,但是在浅处却变成了逆断层。这是因为,原先已经存在了一个由重力原因而导致的正断层,后来在挤压力的作用下这个断层又重新活动了,导致上盘向上运动,从而在较浅的地层中形成了一个逆断层,但是逆断层新产生的断距还不足以抵消原先正断层发生后所形成的断距(见图 4.13,彩图见附录)。

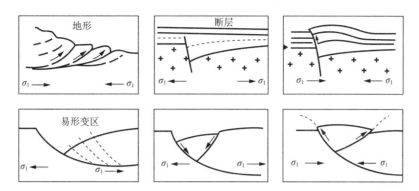

图 4.12　聚散度的示意图。描绘了在挤压力作用下一系列断块的相对运动。这些相对运动的方向与已存在的断层、易变形区和地形有关。上盘总是被推向更高处。箭头和 σ_1 标记给出了水平主应力。

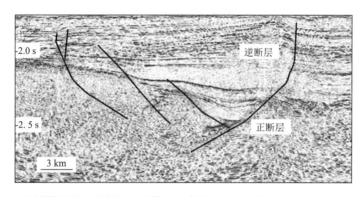

图 4.13　反转断层的地震剖面。早先已经存在了一个正断层，后来在挤压力的作用下又恢复了活动，并在上覆的较新地层中形成了一个逆断层。在挤压力的作用下，老断层的上盘向上运动，但仍未抵消原先正断层的断距。（得到印度 ONGC 的许可）

4.3　剪切（扭转）应力下的构造

扭转构造是由水平剪切应力引起的，是由深层的地块不协调运动所导致的。剪切应力可以伴随挤压应力，也可以伴随拉张应力，这要看主应力分量是张应力还是压应力。按照构造运动的结果可以分成两种大的扭转类型，包括以张应力为主的（扭张）和以压应力为主的（扭压）。

4.3.1　雁列式圆锥形褶皱

挤压作用下形成的褶皱，如果其走向与应力方向有一个夹角，就被称为圆锥形褶皱，这是典型的扭张构造。这种褶皱通常会伴生有近乎垂直的大角度断层，在地震剖面中容易被识别出来（见图 4.14）。在地震平面图中，挤压褶皱常会以一排孤立的褶皱脊顶的形式出现，彼此之间会有一个横向错位，以雁列状褶皱群的模式出现。横向错位的方向隐含了剪切作用力的方向，褶皱群逐渐偏向右前方就意味着被施加了左旋力（即逆时针方向的剪切），偏向左前方就意味着被施加了右旋力（即顺时针方向的剪切）（见图 4.15）。

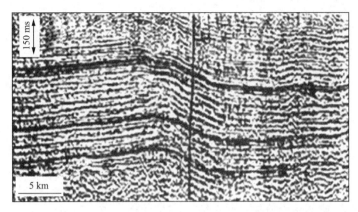

图 4.14　由扭力造成的大角度断层和褶皱构造的地震剖面。（得到印度 ONGC
的许可）

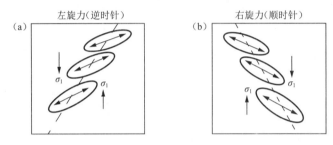

图 4.15　由扭力造成的一系列雁列式圆锥形褶皱的示意图。这些褶皱的横向错
位在俯视图上表现得非常明显。从这些褶皱横向错位的方向可以推断出扭力的方
向。（a）褶皱排列逐渐偏向右前方意味着左旋力；（b）褶皱排列逐渐偏向左前方意
味着右旋力。

4.3.2　大角度断层和半地堑

扭张应力作用下常出现大角度断层和半地堑的组合构造模式（见图 4.16）。半地堑本是
夹在两个断层之间的下陷地块，半地堑只与一个断层有关，是由断层一侧的地块下陷而形
成的。

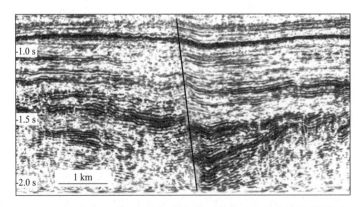

图 4.16　由扭力形成的近乎垂直的大角度断层及半地堑构造的地震剖面。（得到
印度 ONGC 的许可）

4.3.3　花状构造和反转构造

花状构造是典型的扭转构造运动的结果,在地震剖面中的特征明显。凸花状构造与逆断层有关,凹花状构造与正断层有关,这要看扭转应力是挤压性质的(扭压)还是拉张性质的(扭张)。图 4.17 给出了凸花状构造和凹花状构造的示意图。图 4.18 给出了一个凹花状构造的地震剖面,这也被称为"反转构造"。

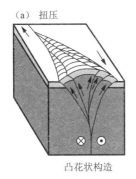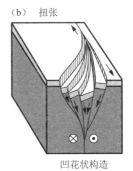

图 4.17　由扭力形成的花状构造的示意图。(a) 由扭压力形成的一系列逆断层组成了凸花状构造;(b) 在扭张力作用下,形成了一系列近乎垂直的正断层,由此构成了凹花状构造。(摘自 Wikipedia)

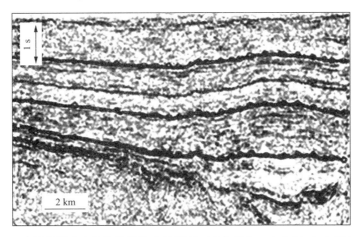

图 4.18　由扭力形成的反转构造的地震剖面。下方存在一个向斜,上方存在一个背斜。(得到印度 ONGC 的许可)

4.3.4　走滑断层

与垂向错断的距离相比,走滑断层具有更加可观的横向错位,因此在常规地震剖面中常常难以被识别出来。不过,在地震平面图中,走滑断层的特征却是十分明显的,所描述出的断层具有典型的"狗腿形"几何形状,即一系列横向错位的雁列状断层,中间由交叉断层连接。从这种雁列状断层的模式可以推断出剪切作用力的方向,根据断层的横向错位方向可以分成右旋力(顺时针)和左旋力(逆时针)(见图 4.19)。基于高分辨率三维地震数据体,利用地震属性和层位切片技术,可以准确地绘制出走滑断层的模式和走向(参见第十章)。

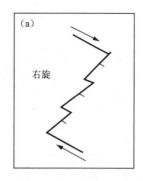
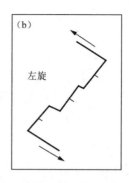

图 4.19 雁列状走滑断层的平面示意图。这些断层存在横向错位(呈狗腿形)。从断层横向摆布的方向可以推测出所受到的剪切力的形式。(a)断层走向线向左偏移意味着右旋力(顺时针);(b)断层走向线向右偏移意味着左旋力(逆时针)。

在地震平面图中,根据等值线趋势特征方面的异常可以给出更多的识别扭转构造的方法(见图 4.20)。等值线上的一个高点汇聚到了低点,反之亦然,断层两侧高点和低点的并置,或者等值线的变化趋势突然出现了异常,这都是可能存在扭转应力的证据。在同一幅测线剖面中或相邻测线剖面中,反射轴出现了突然变化或恶化的特征,也是一个可能存在走滑断层的有力证据。

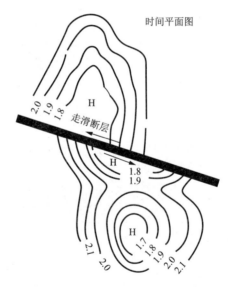

图 4.20 根据地震数据绘制出的走滑断层的俯视图。注意断层两侧的构造高点所出现的形状变化和错位。箭头标出了扭转力的方向(左旋)。(改编自 Moody,1973)

4.4 盐/泥底辟

前面提到过,底辟(生长型构造)可以归属为拉应力环境下形成的构造,这里单独列为一类是因为它们在地震剖面中的特征独特而明显,即垂向向上生长而刺穿了上覆地层。简单地说,在上覆层荷载的作用下,盆地内广泛存在的厚盐岩地层会发生塑性向上流动,从而形成底辟构造。类似地,可流动性泥岩也会发生底辟运动,不过不如盐岩的底辟运动强烈。尽管盐岩和泥岩的底辟运动所造成的构造在几何形态上是相似的,但可以从地震速度上对二者进行区分,盐岩的速度比周围的地层高很多,而泥岩则相反。盐岩和泥岩底辟是发生在不同的地质环境下的,利用地震地层学和区域地质知识可以对二者进行区分。有关盐底辟构造运动的研究被称为盐构造学,研究内容包括盐体流动及其所产生的构造。

与断层的分类相似,根据底辟生长演化历史可以将盐底辟分成同沉积盐底辟和沉积后盐底辟两种。同沉积盐底辟是指盐体向上生长的过程和上覆层沉积的过程是同步的,与同沉积断层的概念类似。如果上覆层已经沉积在盐体上之后才发生的底辟运动,则是沉积后盐底辟。

可以进一步将同沉积盐底辟分成挤出型和侵入型两类,挤出型是指盐体向上刺穿了上覆地层而出露到了地表,侵入型是指盐体没有刺穿上覆地层。盐体构造的地震图像能够完美地呈现底辟构造运动的演化历史。对同沉积侵入型盐底辟来说,从地震图像中来看,在较新的上覆地层中会形成披覆构造(盐体正上方地层变薄)[见图 4.21(a)]。相反地,挤出型盐底辟的上方会出现一个侵蚀型不整合面,近乎水平的较年轻地层直接覆盖在垂直生长的盐体之上[见图 4.21(b)]。从地震上来说,侵入型盐底辟最可靠的识别特征是其上方地层中是否存在放射状断层群("调解断层"),这是底辟生长过程中在其正上方地层中积聚了张应力所导致的(见图 4.22,彩图见附录)。挤出型盐底辟不存在这种断层,因为底辟出露到地表之后就会受到侵蚀和应力释放。

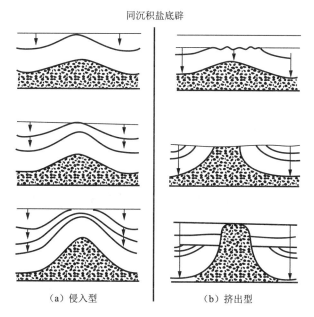

同沉积盐底辟

（a）侵入型　　　　　（b）挤出型

图 4.21　同沉积生长型盐底辟的示意图。底辟的向上生长与上覆层的持续沉积是同步进行的。(a)侵入型盐底辟伴随上覆层的披覆构造;(b)挤出型盐底辟伴随不整合面的产生,较新沉积的近乎水平的地层与近乎垂直生长的底辟相接。

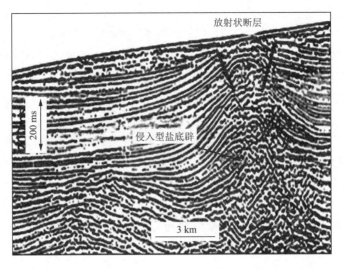

图 4.22　侵入型盐底辟的地震剖面。与上覆层沉积同步生长的盐体并未出露到地表,在其顶部产生了应力集中,从而导致了断层的发生。侵入型盐底辟上方地层中存在典型的放射状断裂构造。

另一方面,沉积后盐底辟的特征是底辟在向上生长过程中会将已经沉积的上覆地层向上拉扯(见图 4.23)。有时,伴随着盐底辟的运动,会出现侧翼向斜和龟背形构造(见图4.24),这是因为盐体在向上运动的过程中会变细,侧翼会收缩。如果旁边还有一个同时生长的盐底辟,夹在二者之间的地层就会相对隆起,像是一个龟背的形态(见图 4.25)。

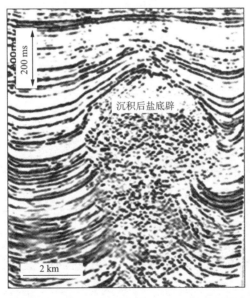

图 4.23　上覆层沉积后由重力触发的盐底辟构造运动的地震剖面。盐体向上生长将周围的地层刺穿并拖曳周围的地层上倾。

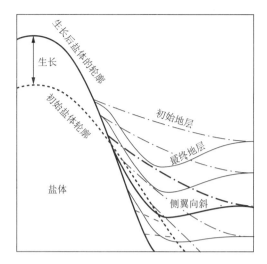

图 4.24 由盐底辟生长而形成的侧翼向斜的示意图。受到上覆层压力的作用,盐体向上生长(箭头所示),从而导致了横向收缩。盐体脱离基底向上生长,导致环绕其四周的上覆地层出现了坍塌,从而在其侧翼出现了向斜构造。

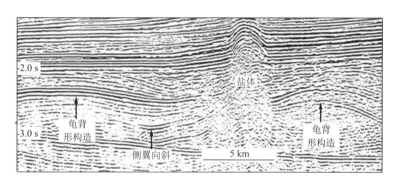

图 4.25 盐底辟及相关构造形变的地震剖面。相关的构造形变包括侧翼向斜和龟背形构造。相邻盐底辟(此图未显示出来)的侧翼也出现了下陷型构造,从而在两个下陷区之间的地层中出现了一个类似龟背的构造。(根据 Anstey,1977)

4.5 地震构造学在地震数据评估中的意义

利用地震数据对构造应力的类型进行分析,从而能够了解构造产生的原因和演化历史,这样才能对这些构造进行正确绘图并用于油气评估。因此,了解断层的构造演化史具有非常重要的地质意义(参见第五章)。掌握了断层的类型、倾角和断距,在地震层位追踪时就知道如何越过断层进行追踪,就能够准确掌握断层上盘和下盘的地层厚度。虽然层位追踪是数据解释的初始步骤,但是对制作准确的地震平面图来说是至关重要的,对油气储量计算和钻井点的选取来说这也是决定性参数。通过地震图像来了解断层的聚散度,也可以重构复杂地质区域的沉积演化史。

与沉积类型一样重要,需要了解一个地区的构造运动类型和相应的构造运动结果,这样才能很方便地将取得的认识推广到世界上类似的盆地并进行比较分析和评估。例如,掌握了一个地区的扭转构造运动情况,就可以为具有类似扭转构造地区的石油地质情况积累经验。具体来说,在扭转作用下如果存在一个长期活动的基底断层系统,那么各个地块就会出现不同程度的错位移动、下陷、倾斜和旋转。这会在油源和储层之间架起一个运移通道,或者是沿着断面,或者是断层两侧存在渗透性地层的对接。另外,扭转变形会产生一系列有趣的构造和地层圈闭油藏,可以提高一个盆地的油气资源潜力。

参考文献

1 ANSTEY N A,1977. Seismic interpretation,the physical aspects,record of short course "The new seismic interpreter". IHRDC of Boston,Massachusetts:5-27 to 5-29.

2 MOODY J D,1973. Petroleum exploration aspects of wrench-fault tectonics. AAPG Bulletin,57:449-476.

第五章 石油勘探中的地震地层学 和地震构造学

地震地层学和地震构造学相得益彰，整合起来就是一项高效的技术，在石油勘探中是不可或缺的。二者联合进行分析就可以为石油系统模拟构建起基本的构造—地层框架。这有助于评估原油的生成潜力，储层沉积相，油气运移，圈闭机理、聚集、保存条件，以便对一个盆地的油气资源状况进行预测，从而可以确定出一个油气远景区，并在钻探前对其进行技术风险和经济风险方面的评估。

在对油气聚集进行分析的过程中，综合利用地震地层学和地震构造学能够起到互补作用。既然断层在油气运移和聚集过程中可以起到连通、封堵和释放等关键作用，本章也会强调断层属性分析在圈闭有效性评估方面的意义。

地震地层学和地震构造学都是非常行之有效的解释技术，在油气勘探中是必不可少的。综合利用二者可以理解地质盆地的演化历史，在勘探事业中，有助于对油层和油藏的资源潜力进行可靠的评估。对未勘探地区或勘探程度低的地区来说，要么是完全没有测井数据，要么是测井数据不完整或是没有合适的测井数据，这时候它们的作用就更为突出了。不过，勘探在多大程度上能够取得成功，还要看解释人员的经验和专业技能，需要全面掌握本区的基本构造类型和基本的沉积系统特征。下面概述在油气聚集过程解释中地震地层学和地震构造学所发挥的作用。

5.1 盆地评估

基于地震数据，通过综合利用地震地层学分析和地震构造学分析，可以揭示沉积盆地的沉积历史和构造演化历史，进而可以识别和描绘出各项地质要素和油气聚集规律，以便对油气勘探进行评估。评估一个盆地的油气潜力需要识别出石油系统，这个术语是用来描述影响油气聚集的地质因素及其形成过程的。定义一个石油系统需要四个要素：（1）油源及生油潜力；（2）储层沉积相；（3）油气运移；（4）油气圈闭和保存。下面对各个要素分别进行介绍，并分析地震地层学和地震构造学在其中所起到的作用。

5.1.1 油源及生油潜力

为了评估一个盆地的生油潜力，需要掌握的信息包括富含有机质的细粒碎屑岩（页岩）的存量、有机质含量、葛洛根类型、埋藏历史和热成熟度。已知有利于源岩沉积的地质环境包括河流相/湖相、三角洲相、浅海相和深海相。通过地震地层学的研究,可以识别出各种沉积环境及相关岩性地层的展布情况,不仅可以为源岩的存在与否给出答案,也可以揭示出有机质(葛洛根)的类型。生油潜力可以分成是生油的和生气的,根据沉积环境是河流相的、三角洲相的还是海相的就能推测出葛洛根的类型。沉积物中的有机质主要是葛洛根,富含葛洛根的岩石具有低速度、低密度和高孔隙度的特征,因此在条件许可的情况下,直接利用地震反射特征就可以识别出富含葛洛根的页岩。

通过地震构造学分析可以揭示出源岩的埋藏史,这对评估油气在特定深度的热成熟度和排油过程都是有用的。例如,一个发生在陆架边缘的同沉积的长期继发性活动的重力断层,其地质意义如何?对这个断层进行地震构造学分析,可以得到盆地方向源岩(页岩)沉积加厚的信息,也可以得到地下的热演化史。利用地震信息可以给出每一期断层发生的情况,据此可以得到不同地质时期地层的沉降速率和深度。这些都是有利于分析源岩沉积和成熟情况的因素。对出现严重构造变形和存在火山活动的地区进行地震构造学的分析,可以得到本区地热梯度等关键信息,据此可以分析源岩的成熟度。

不过,重点并不是油气的生成,而是排出的油气量,这决定了圈闭中的油气储量。从源岩中排出油气被认为是油气的一次运移,是由孔隙压力升高而触发的。葛洛根发生热裂解就生成了油气,产生的流体体积试图占据更多的孔隙空间,超过源岩中的原始孔隙度。地层进一步下降导致温度升高,进一步增大了流体的体积,导致源岩内的孔隙压力持续升高,到达某一时刻,在超压的作用下就会产生微裂纹,从而促进油气的排出。每一次的地层沉降都会有地震线索可查,随着上覆层沉积的进行,可以推测下一次的油气排驱过程。

5.1.2 储层沉积相

储层岩石在沉积时一般需要具有较好的原始孔隙度和渗透率,这种岩石通常沉积在陆架和盆地的边坡上,沉积环境包括高能的河流相/湖泊相、三角洲相和浅海相。礁体也会具有极佳的孔隙度。利用地震层序分析和地震相分析可以给出地质体的外部轮廓形态和内部反射形态,可以识别出礁体和潜在的高能碎屑储层相,如三角洲朵页体、扇体、河道充填沉积等。构造应力会导致断层、地层的隆起和不整合面,淋洗、溶沟、洞蚀和断裂作用会使储层获得二次孔隙度,使得渗透率提高,这对采油来说是有利的。通过地震地层学分析和地震构造学分析能够识别沉积要素和构造要素,从而可以评估储层沉积相和类型,更重要的是,能够知道储层在盆地内的分布情况。

5.1.3 油气运移

油气运移过程涉及油气在源岩中的产生过程和排出过程,以及通过疏导层运移到圈闭中最终聚集起来的过程。因此,需要源—储的连接条件,这样油气才能从源岩运移到圈闭中。油气排出(一次运移)之后,会沿多孔和渗透性的岩层继续向上流动,直至到达油藏的构造高点,在这里被聚集到圈闭中(二次运移),同时,上部需要覆盖不渗透性的地层,即盖层。油气从源岩中排出之后,也许会向上运移,也许会向下运移,这决定了油气运移通道和向通道内圈闭的充注情况(England 和 Fleet,1991)。

不整合面、断层和渗透性地层的存在,为油气向油藏充注提供了条件,这被认为是运移的关键因素。掌握运移通道需要的信息包括疏导层的几何形状及其垂向和横向的渗透性特征,以及油气排出时古地层的倾角。解释人员往往将运移通道看作是简单的二维情况,例如连接油源和储层的断层面。但实际上运移是发生在三维空间内的,运移通道本质上是三维的,单凭想象来确定其三维几何特征是非常困难的,不过,"三维盆地模拟"可以应付这种挑战,可以更精确地对其进行刻画(我们在本章后面会对此进行讨论)。

不过,通过地震层序分析和古构造学分析,可以很方便地推测出大的油气运移通道。对简单石油系统来说,例如在三角洲层序中,三角洲前缘储层砂体与前三角洲海相源岩直接接触,运移和充注过程非常简单直接,油气排出后就直接进入并置的圈闭中。对于垂向源—储叠置关系的三角洲层序来说,通常含有生长断层和滚动背斜构造,这也是勘探潜力很高的一种类型,需要利用地震地层学和地震构造学研究来对油气运移通道进行识别和评估。

油气运移时间与圈闭形成时间的先后顺序是油气聚集过程中的一个关键因素。如果油气运移时,圈闭还没有形成,而是运移之后才形成的,那么油气就不可能聚集到这个圈闭中。类似地,对一个古构造圈闭来说,如果油气运移前圈闭就遭到了破坏,那么这个圈闭中也是不会有油气聚集的。因为油气是向上运移的,分析油气运移时的古构造倾角和圈闭的存在与否也是十分重要的,这样才能全面掌握运移通道和聚集过程。利用地震构造学能够研究演化历史,从而是一个用来评估时间因素的有效工具。

5.1.4 油气圈闭与保存

有盖层的封闭储层才能圈闭住聚集的油气。页岩和蒸发盐岩这种不渗透性岩石以及一些断层都可以作为圈闭的盖层。需要对圈闭机理进行分析,评估油藏盖层的展布范围,来判断其能否有效圈闭住油气。构造闭合一般被认为是可靠的圈闭方式,但是地层圈闭和复合圈闭的类型多变,需要对圈闭过程和圈闭的完整性进行具体的分析。从这个意义上来说,常见的与断层有关的圈闭就不见得是可靠的圈闭,需要进行严谨的分析论证才行。后面会论证断层在油气运移、圈闭、聚集和重新分布过程中所起的作用。

对油气保存的分析包括油气的再次运移、生物降解,以及由于成岩作用、断层、盆地地层倾斜和侵蚀等原因而引发的油气从圈闭中泄漏出去的情况。尤其是,在油气聚集后,老断层又恢复了活动或者是出现了新的断层,这种情况对油气的再次分布起到关键作用,这会误导我们对油藏类型的理解,这种油藏可能会含有多相流体及多个流体接触面。油气也会从主圈闭中通过再次运移而散布到较浅的储层中,这种情况对勘探家来说是具有迷惑性的,浅层的油气也许会被误认为是新的地质目标而进行盲目的勘探开发。地震构造学为有效评估石油系统的聚集和保存提供了方法和线索。

5.1.5 盆地和石油系统模拟

通常在勘探阶段进行盆地演化及含油气潜力的评估,以了解油气在盆地内的分布情况。有了高速计算机和精密软件的帮助,可以对石油系统和盆地的构造—地层框架进行综合地质模拟,即盆地和石油系统模拟(BPSM),在实践中就成为更好地预测油气分布的综合分析工具。从本质上来说,模拟重构了油气从产生到保存的整个时间演化序列。在模拟中可以重构地质要素和热演化要素,观察这些要素在不同地质时期的变化,来揭示油气聚集的期次信息,这些要素包括圈闭演化情况、温度和压力史、油气在盆地/远景区内的产生、运移、聚集和保存情况。综合盆地模拟利用了地质、地球物理和地球化学数据,可以是二维模拟也可以是三维模拟。不过,油气运移过程是一个复杂的三维问题,二维盆地模拟并非是有效的解决方案。

模拟中所需的地质参数包括来自地震地层学和地震构造学的解释结果,即构造—地层框架信息。目前精密的三维盆地模拟软件能够解决非常复杂的石油系统模拟工作,包括油气的排出和聚集过程。不过,模拟预测有时是有问题的,这要看模型中输入参数的正确与否,即地质和地震数据在很大程度上是解释性数据,带有主观色彩。例如,对一个地区进行三维模拟,结果显示油气的生成量和排出量都很大,储层和盖层的分布也都很广,但是后续的钻探结果却表明这个地区并没有可观的油气聚集。钻探结果证明,输入石油系统模拟中的各个要素都是正确的,除了其中的一个关键参数——时间;也就是说,排烃的最佳时期早于盖层岩石的沉积时期,圈闭的形成晚于油气的运移,因此不能形成油气聚集。

5.2 断层属性分析及其圈闭有效性评价

在油气一次运移、聚集和二次运移过程中,已知断层可以作为疏导层、盖层和泄漏通道,是盆地石油系统模拟流程中的关键要素。需要对断层属性进行严谨的分析,如断层的类型(应力成因),断距、断层发生的时期,演化史等,利用地震构造学可以对这些属性进行确定和描绘。这有助于确定断层在油气聚集中所起的作用,会对远景区的勘探开发起到非常重要的影响。许多研究人员已经对不同地质环境下的断层的性质进行了大量的研究,以了解断层在油气聚集中的作用。

一个断层本身并不具有封堵的性质,也不是疏导层或泄漏层。需要指出的是,平面图中的断层只是一条不连续的线,代表了断层线两侧的岩性出现了变化或者是构造倾角出现了变化(Downey,1990)。断层的疏导和封盖性质要由断层两侧地层的对接关系而定。例如,断层一侧的不渗透性地层与另一侧的渗透性地层对接,断层就可以作为横向盖层,两个渗透性地层穿过断面对接,油气就可以越过断层继续流动(Allan,1989)。

拉张应力下的断层面通常被认为是油气运移的通道。生长断层面的浅层部分大多都被认为是油气运移的通道,因为断裂面是拉张形式的;生长断层面的深层部分,流体的浮力有助于油气的上移。断层面两侧如果是渗透性地层对接,断层面也会被认为是油气的通道。这样一来,从深断层面到浅断层面成了油气从源岩运移到储层的通道(Downey,1990),如图5.1所示。超压状态下流体的浮力会促使油气沿断层面进行运移。相反地,对挤压应力下的逆断层来说,断层面很难是张开式的断裂面,从而会阻碍油气的运移。

断层如果想要成为圈闭中的封堵层,断距就要比储层的厚度大,这样非渗透性的地层才能在上倾方向完全堵住储层(见图5.2)。不过,沿断面从上到下,断距往往是变化的,这使得有效封堵过程更加复杂,对薄的多层系油藏来说尤其如此。由于这个原因,需要准确地估算出断距沿断面的变化情况并在构造等值线图上反映出来(参见第三章)。对与断层有关的圈闭来说,想要掌握油气的运移和聚集规律的话,一种具体可操作的方法就是进行"断面绘图"分析(Allan,1989)。这种分析方法需要绘制断层两侧对接地层的三维几何图形,包括地层的构造倾角,以搞清渗透性地层和非渗透性地层的接触面,据此判定断层在油气运移中所起的作用。

如果断面是由非渗透性物质组成的,比如黏土或是其他胶结物质,它们将整个断距区域都密封住了,这时断层就可以作为封堵层了。当断层区域被一些泥质的物质涂抹时,比如发育在以泥岩为主的碎屑岩层系中的生长断层,这时流体就不会穿透断面了,这被称为"泥质涂抹断层"(Doughty,2003)。对生长断层来说,泥质涂抹在其生长过程中对断层的封闭性起

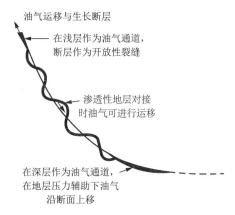

图 5.1　生长断层作为油气运移通道的图示。在浅层，断面是张性裂开的，能够作为油气通道。在深层，在地层压力的作用下，油气受到浮力的作用会沿着断面上移。在其他层段，断面两侧对接了渗透性地层的话，也会促进油气的运移。（根据 Downey，1990）

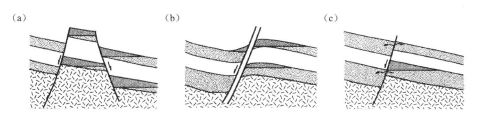

图 5.2　断层性质的图示。（a）渗透性地层与不渗透性地层对接时，断层成为密封层；（b）油气圈闭后又形成的断层阻隔了断层两侧油气的沟通，此时断层碎屑带就是封堵面；（c）根据断层两侧储层的对接关系，断层可以是油气部分或全部泄漏流失掉的通路，从而使圈闭部分或全部失效。（改编自 Harding 和 Tuminas，1989）

到了重要作用，如果发生涂抹的层段不完整，那么沿断面就会出现油气泄漏。单从地震上很难对此进行分析，对断层的封闭性进行定量化预测是一项很困难的工作（Doughty，2003）。

　　类似地，在构造应力的作用下，沿断裂面会产生许多被碾碎的颗粒物，某个时期，在成岩作用下又会被胶结在一起，因而断面也是非渗透性的。断面存在大的颗粒物时就被称为"角砾断层"，颗粒小时就被称为"泥质涂抹断层"。定量分析断面上的泥质含量有助于确定断面的封闭性，这被称为"泥岩涂抹率"（Freeman 等，2008）。有现成的软件来分析断面封堵的有效性，即黏土涂抹可能性（CSP）和泥岩涂抹率（SGR），但是这种分析结果需要得到地层压力和流体接触面等地下实测信息的校准，之后才能进行有效地预测（Doughty，2003）。

　　若油气聚集后又产生了新断层或者老断层又恢复了活动，已经圈闭的油气就会在油藏内进行重新分布，情况糟糕的话，由于"裂口式构造"的存在，油气可能会全部逃逸掉（见图5.3 和图 5.4）。从地震构造学分析可以得到断层的属性，这有助于正确地重现各期次的应力状态和变形史，以便估计油气充注和聚集的准确时间。比如，如果想要大体上解释一下一个影响所有层序的生长断层，仔细地检查地震地层反射，就能够揭示其演化历史，即经历了多期次的生长断裂活动。需要准确掌握一个远景区断层产生的时间，油气排出、运移和聚集的时间，以及圈闭形成的时间，即先于油气运聚时间还是晚于油气运聚时间。掌握这一信息是至关重要的。不知道这一信息的话，可能就无法对油气远景区做出正确的评估，从而导致勘探失利。

　　在开发阶段，断层分析也是非常重要的，因为油藏内的断层可能会隔断流体的流动，出

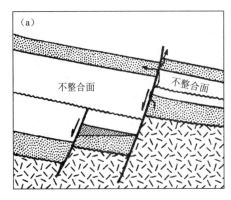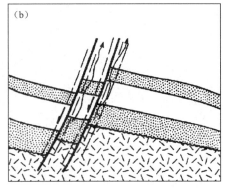

图 5.3 油气聚集后又产生断层的示意图。(a)老断层的重新活动或新断层的产生使已圈闭的油气上移到了上方的储层进行重新分配;(b)使已聚集的油气逃逸掉了。(改编自 Harding 和 Tuminas,1989)

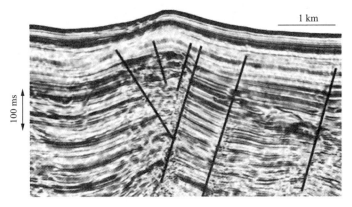

图 5.4 裂口式构造的地震剖面。通过新产生的断层,已圈闭住的油气逃逸掉了。(得到印度 ONGC 的许可)

现隔离区化状态。在不同的断块内也许会有独立的流体接触面,需要钻更多的井才能进行开采,这会增加生产成本。形成断层的应力常常也会造成很多裂缝,这会提高储层的孔隙度和渗透率,造成油藏内的各向异性,影响后续的采油和注水方案的编制。

5.3 远景区的确定、评估和技术经济效益分析

完成盆地评估之后,借助详尽的解释结果就能够更好地掌握地质目标,从而确定出可进行钻探的远景区。如果这时附近地区有新的探井,结合新的地质信息和已有数据可以对远景区进行重新评估。对一个地区来说,经常还会新采集更高密度的地震数据,据此对有明确油气潜力的远景区进行更加精确的解释和评估。在做钻探决定之前,毫无疑问需要评估远景区的商业价值。远景区评估涉及技术风险评估和经济风险评估,通过这个过程评估油气勘探潜在的经济价值。很明显,这个结果很大程度上依赖于地震分析的地质参数的可靠性,以及其他重要的参数,如商业、政治、后勤保障和环境因素等。不过,我们这里只局限于技术(地质)风险评估的讨论。

对远景区进行技术评估的关键输入参数包括构造的空间扩展范围和厚度(圈闭闭合高

度)、源岩类型和储层相、盖层和圈闭机理(圈闭的有效性)。不过,正如之前提到过的,很重要的一点就是要确定好圈闭的形成时间和油气充注时间,以及油气聚集后构造运动对油气的影响。需要强调的是,对评估所有类型的圈闭的有效性来说,利用地震数据研究构造运动及其演化史都是至关重要的,如利用四周封闭的构造背斜、断层封闭的圈闭、楔形体等以地层和不整合面为主的圈闭评估油气充注的位置、圈闭机理的合理性、油气的重新分配及最终的聚集位置。

一些重要的地质参数在风险评估中起到了至关重要的作用,这最终也影响了经济风险分析结果和钻探决定。有些还与后续的油藏评价(本章结尾处讨论)和开采有关,在勘探阶段也许没有得到及时的关注。掌握这些参数可以进行风险评估,这有助于管理层了解其经济价值。虽然如此,需要将此放到一个更宽的视野来进行技术风险评估,融入油气发现之后商业战略的决策过程。如果牵涉到为了勘探开发而签订土地和资产合同的话,尤其需要进行地质评估,然后才能做出有关勘探合同的合理决定。

5.3.1　源岩类型

预测远景区油气的类型是很有意义的,因为石油和天然气在价格、运输方式以及市场价值等方面都是有很大区别的。对于相同的远景区面积,油田一般需要比天然气田钻更多的采油井。根据油气类型的不同,资金和工程投资以及油田基础设施的投入也是不同的,公司会根据油气类型的不同而制定出相应的发展战略。

5.3.2　运移时间和通道

油气能够聚集的一个先决条件是油气运移时源—储有连通渠道且圈闭也是存在的,对此需要做谨慎的评估。在这种背景下,需要认真分析疏导层、不整合面和断层等运移通道是否存在。

5.3.3　储层岩石类型(碎屑岩/碳酸盐岩)

碎屑岩储层和碳酸盐岩储层的性质不同,相应的开发方案也不同。对不同类型的油藏来说,油气生成性能和采收率也是不同的,例如,砂岩储层一般具有较高的一次原始地质采收率。相反地,碳酸盐岩储层较复杂且具有各向异性,一般含有裂缝且一次采收率较低。对这两种类型的油藏来说,提高采收率(EOR)的方法及相应的效果也有巨大差异。对砂岩油藏进行注水开发等二次采收率的效果一般较为良好,但碳酸盐岩储层就不同了,提高采收率措施会促使 H_2S 气体从油气(酸性原油/天然气)中析出,这会腐蚀设备,需要额外增加特殊的处理工艺,这又会大幅度增加生产成本。

5.3.4　圈闭类型

圈闭的类型包括构造圈闭、地层圈闭和二者都有的复合圈闭,对其预测也充满了风险。例如,一个典型的单油层构造圈闭是非常简单的,含油气地层的体积一般不会算错,但是对一个多层系的地层油藏来说,油层数量和厚度的预测都存在不确定性,问题就复杂了。对地层圈闭的机理需要进行谨慎的分析,其预测风险相对较高。含几个交叉断层的构造圈闭油藏也是复杂的,预测风险也比较高。正如之前提到过的那样,断层会造成油藏的区隔化,需要钻更多的采油井,采油过程中流体的流动模式也会出现异常,需要后续跟进解决措施,这会增加生产成本。

5.3.5 油气储量估算

对油气储量的估算是最重要的成果,因为这关系到接下来的财务预算和对公司资金流的评估。计算油气孔隙体积时将远景区含油面积、厚度和孔隙度以及含油饱和度相乘。对构造圈闭来说,能够获得的油气量是由溢出点来决定的,即构造圈闭的最高点、最低点和垂向闭合高度以及油水界面等因素。从油气的地质储量(容积)能够推测出其被采到地面后的体积,将其乘以一个适当的系数即可。对液态原油来说,这个系数就是收缩因子,因为原油被采到地面后,会析出一部分天然气。对天然气藏来说,情况则相反,因为到达地面后天然气的体积会变大,此时的系数就是天然气地层体积因子。

这种计算需要用到油藏的各种参数,一般来自地震图的解释结果和对地层参数的地质预测结果,所有这些参数本身都带有不确定性,有可能受技术条件和分析人员主观性的影响较大。解释人员的经验和专业知识只能保证得到一个相对可靠的油气地质储量的预测结果。

钻探有所发现之后,就进入油藏评价阶段,这时就需要采集更多的地震数据,一般还会钻更多的井,在做投资开发决策之前,需要进行谨慎的分析来降低各种风险。综合利用地震地层学和地震构造学分析,在各个阶段都能够提供有价值的信息,以对油气资源潜力进行有效地评估。地震研究可以减少不确定性,最大化地降低勘探开发风险。

参考文献

1 ALLANS U,1989. Model for hydrocarbon migration and entrapment within faulted structures. AAPG Bulletin,73:803-811.

2 DOUGHTY P T,2003. Clay smear seals and fault sealing potential of an exhumed growth fault,Rio Granderift,New Mexico. AAPG Bulletin,87(3):427-444.

3 DOWNEY M W,1990. Faulting and hydrocarbon entrapment. The Leading Edge,9(1): 20-22.

4 ENGLAND W A,Fleet A J,1991. Introduction. Geological Society London Special Publications,59:1-6.

5 FREEMAN B,YIELDING G,NEEDHAM D T,et al,2008. Fault seal prediction:the gougeratio method. Geological Society London Special Publications,127(1):19-25.

6 HARDING T P,TUMINAS A C,1989. Structural interpretation of hydrocarbon traps sealed by basement normal faults at stable flanks of fore deep basins. AAPG Bulletin 73:812-840.

第六章 油气直接检测

在沉积年代较新的高孔隙砂岩中,天然气的存在会大幅降低岩石的体积模量,进而在叠后地震剖面中产生高振幅异常(亮点),可以将此作为油气直接检测因子。通常高振幅是天然气存在的一个特征,尽管如此,轻质油和普通油也可以产生高振幅地震反射。不过,亮点异常并不能都归结为油气的存在,在钻探前需要做谨慎的分析才行。天然气储层的其他特征也可以作为油气检测的指示因子,如地震速度、反射极性以及与此相关的"平点""阴影区"和时间"下陷"等地震特征。可以对这些振幅异常进行评估,来作为油气检测的指示因子。本章分析高振幅产生的原因以及振幅异常(DHI)用于油气检测的局限性。

在地震剖面上,反射振幅的出现是地震波入射到具有不同阻抗的岩层界面时反射的结果。沉积岩的特征包括其成分、骨架结构、孔隙度和孔隙内流体的性质,每一个都会影响岩石的弹性性质,即岩石可压缩性参数。天然气的可压缩性极高,岩石孔隙中含天然气时岩石的体积模量就会显著降低,与饱含液体时相比,其可压缩性就更高(或称柔顺性高)。利用这种特性可以有效辨别含气砂岩,这是一条天然气检测中的便捷途径。对饱含气体的岩石来说,其柔顺性好,使得岩石的 P 波速度大幅降低,在地质条件许可的情况下,饱气碎屑岩层会表现出明显的高振幅地震异常。这些高振幅反射意味着碎屑岩层中存在油气,因此被称作油气直接检测因子。但是,需要特别指出的是,高振幅异常并非都是由储层含天然气而引起的,正如之前介绍过的那样,在特定的沉积环境和岩性组合条件下也会出现高振幅异常。在决定将振幅异常作为含油气直接检测因子之前,需要全面考查含气储层的其他地震属性和反射现象,例如地震速度、反射极性、"平点"、"阴影区"和时间"下陷"等关键指示特征。

在大多数情况下,高振幅异常都是特指饱气砂岩的,这种岩层具有特别的地震特征,后面我们会具体分析。一般来说,高振幅都是由岩层阻抗的降低引起的,是由于孔隙气体大幅度降低了岩石的体积模量而引起的,因为与石油和水相比,自由气体是高度可压缩的。然而,岩石孔隙中如果含轻质油的话,同样可以出现高振幅异常的现象,这与天然气所造成的后果是类似的(Wang 和 Lellis,1988;Clark,1992;Bulloch,1999)。人们相信,造成这一现象的原因是,轻质油中存在大量的溶解气,这降低了岩石的刚性,尽管也有报告指出,孔隙水中含有溶解气并不会产生这种效果(Gregory,1977;Wang,2001)。Osif(1988)的研究报告指出,水或盐水中溶解有天然气时,其弹性变化甚微或完全没有变化。Liu(1998)的实验甚至得出了一个相反的结论,水中溶解有天然气时,岩石的声波速度会略微上升。有趣的是,Anstey(1977)明确指出,只有游离态气体出现在孔隙中时,岩石的刚性才会降低,才会造成高振幅反射,溶解气并没有这种效果。

但是在常规的叠后地震剖面中,岩层中含普通质液态石油时也会造成亮点,这种振幅异常可能是由其他原因造成的,不仅仅与孔隙流体的可压缩性有关。印度海域中埋深较浅的上新世(新近系)砂岩出现的亮点反射,经钻探证实含普通质原油,P 波速度没有任何降低的现象(Nanda 和 Wason,2013)。事实上,含油砂岩的 P 波速度比盖层页岩的 P 波速度要高,不过在计算阻抗时,由于砂岩储层的密度明显更低,其阻抗是低于页岩盖层的。

在第一章中我们曾经提到过,固体岩石与孔隙流体的特性,比如骨架结构、孔隙度、孔隙形状、流体饱和度、流体黏度、压力和温度等,都会以某种方式影响岩石的弹性和密度,进而会影响地震反射特征。任何一个岩石参数的变化都会影响地震反射特征,比如岩石骨架、孔隙空间大小和形状或孔隙流体。DHI 反射特征会受到岩石体积模量的影响,也会受到孔隙流体性质及其饱和度的影响,只不过饱和度的影响程度更低一些。举例来说,与饱含盐水的砂岩或不完全饱含原油的砂岩相比,饱含原油的砂岩的地震反射特征是不一样的。然而,岩石某一种特性参数的改变总是会引起其他参数的连锁变化,这些交织在一起的变化会最终体现在地震反射特征上。有些参数独自的变化,其效果并不显著,可能不容易在地震反射上觉察到,但是多个因素的综合效应可能会体现在地震反射上。可以预见的是,由于不同地区的地质情况不同,岩石和流体性质的差异就会很大,其地震响应可能就会显著不同。不同沉积环境下的岩石的 P 波速度可能会有很大的区别,最终体现在地震反射的差异及 DHI 反射特征的不同上。Wandler 等(2007)通过正演模拟研究了这些地震响应的差异。

另外值得提及的是,两种流体的接触面所产生的反射也可以作为 DHI 线索。两种流体的阻抗存在差异,因而其交界面会产生地震反射,例如天然气和水的界面、天然气和油的界面、油和水的界面。这种储层内部界面的反射一般是以平点的形式出现的,主要是由不同流体的密度和体积模量的差异而引起的。不难想象,平点对应着天然气和水的交界面,因为天然气和水的密度差异巨大,与油水界面相比,更容易在地震剖面中觉察到,在储层比较厚的情况下尤其明显(Schroot 和 Schüttenhelm,2003)。尽管油和水的声阻抗差异不大,在有些情况下,油水界面仍可以体现在地震剖面中。例如,在储层环境下,由于压力较高,轻质油中会含有大量的溶解气,这会降低轻质油的体积模量和密度,进而会与盐水产生足够的差异,其交界面就会以平点的现象出现在地震记录中。

6.1 振幅异常(DHI)

在常规的叠后地震剖面中,广为熟知的有三种振幅异常,都是由于储层饱含天然气而引起的,分别是亮点、暗点和平点。

6.1.1 亮点

亮点是非常明显的强振幅异常,是负反射系数,大多数与页岩盖层底下的砂岩储层含气有关。在特定的地质环境下,饱水砂岩的速度和密度(例如 2 300 m/s,2.2 g/cm³)与页岩盖层的数值(2 100 m/s,2.3 g/cm³)接近,其声阻抗略高于页岩盖层,因而饱水砂岩地层的顶面就会是正的弱反射。但是当砂岩储层饱含天然气时,地层速度(例如 1 600 m/s)就会大幅降低,这时含气砂岩地层的顶面就会出现负极性的强反射,产生所谓的亮点(见图 6.1)。根据示意图所示,如果存在气水交界面的话,就会存在一个平点反射。在背斜构造的两翼,页岩盖层和饱水砂岩地层之间是正的弱反射,在背斜构造的顶部,页岩盖层与饱气砂岩地层之间是负的强反射,即亮点。含轻质油的砂岩所产生的亮点的地震剖面见图 6.2(彩图见附录)。

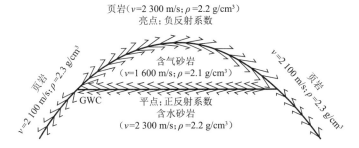

图 6.1 亮点型振幅异常的模型。在背斜构造的顶部,饱气砂岩的阻抗比上覆层页岩低,在砂岩地层顶面会出现强的负反射。在背斜构造的两翼,饱水砂岩地层的顶面出现了弱的正反射。波形向左偏代表负反射,向右偏代表正反射。

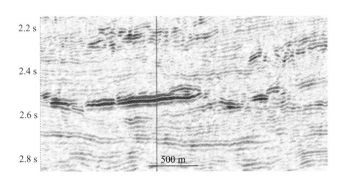

图 6.2 亮点型振幅异常的地震剖面。含气砂岩地层顶面的强负反射构成了 DHI。含气砂岩地层的底面是强的正反射。(图片来自印度 ONGC)

6.1.2 暗点

暗点是具有正反射系数的弱反射,大多数是由含气石灰岩储层的顶面引起的。饱水石灰岩一般具有较高的速度(约 3 400 m/s),由于比盖层页岩(约 2 600 m/s)高,因而储层顶面出现了正的强反射。含气之后,石灰岩地层的速度(约 2 900 m/s)大幅降低,与盖层页岩的阻抗差减小,其顶面就会变成弱的正反射,如图 6.3 所示,但是反射极性不发生变化。图 6.4 为含有暗点的地震剖面。虽然暗点一般与饱气石灰岩有关,但是砂岩储层也会产生暗点现象。沉积年代较古老的砂岩具有较高的阻抗(速度约 3 400 m/s),如果盖层页岩的速度约为 2 800 m/s 的话,含气之后砂岩的速度降低,同样会出现暗点现象。

6.1.3 平点

平点是一种中强振幅的水平反射轴,是由气水交界面产生的正极性反射轴(见图 6.3 和图 6.5)。这是一种由两种流体的交界面所引起的特殊的反射现象,与岩性的变化无关。天然气和水的密度不同,因而两种流体存在阻抗差,其交界面就会产生反射。然而,局部近水平状展布的饱水砂岩地层有时也会表现为平点。如图 6.6 所示,地震剖面中所出现的高振幅正极性水平反射轴推测为平点,但是钻探后被证实为饱水砂岩地层。流体交界面并不一定是水平状的反射轴,这要依水动力条件而定,因而,圈闭内真实的流体交界面也可能是倾斜的,不能因为它是倾斜的而将其忽视。

目前已知其他因素也可以导致振幅异常,比如岩性变化、反射地层几何形态的变化、薄层调谐效应、地震波传播过程中的变化、反射波的干涉以及噪声等。因此,单独的振幅异常并不能作为油气存在的确定性依据,在对天然气进行钻探之前,需要其他的辅助信息来核实振幅异常。

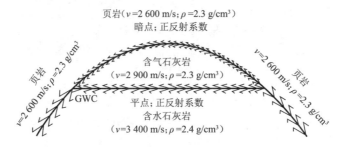

图 6.3 石灰岩储层出现暗点及平点型振幅异常的模型。石灰岩含气后,其顶面的正反射强度变弱,与背斜构造两翼含水石灰岩的强正反射振幅相比,形成了暗点。天然气和水存在着密度差异,因而正反射系数的气水界面形成了平点型反射。

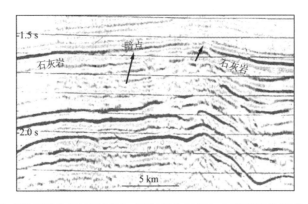

图 6.4 暗点型振幅异常的地震剖面。石灰岩含气后与上覆页岩的阻抗差减小,振幅仍然为正值但会变弱。注意,背斜构造两翼饱含盐水的石灰岩顶面的振幅值较大(黑色)。(图片来自印度 ONGC)

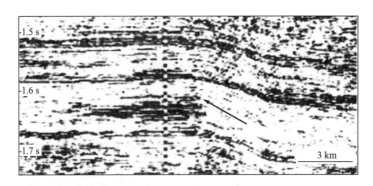

图 6.5 平点型振幅异常的地震剖面。平点是一种典型的水平反射轴,在储层内部是由天然气或原油和水之间密度的不同而引起的。油水界面(OWC)的反射是正极性的,振幅值与两种流体的密度差异大小有关。注意,图中的油水界面正好位于背斜构造的上半部。(图片来自印度 ONGC)

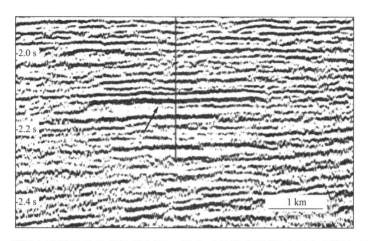

图 6.6 假平点型振幅异常的地震剖面。图中正极性的强振幅水平反射轴(波峰,黑色)并非是流体交界面产生的平点,经钻探证实,这是近乎水平状展布的渐新世(古近系)含盐水砂岩地层顶面的反射。(图片来自印度 ONGC)

6.2 核实振幅异常(DHI)

6.2.1 速度

天然气储层的速度会大幅降低,通过地震动校正(NMO)进行速度分析,可以对此进行检测。P 波速度的降低伴随着高振幅异常的出现,二者综合起来就可以更好地识别出天然气储层。然而,在常规的层速度计算中,需要同时知道储层顶、底界面的反射。许多情况下,无法单独得到储层的顶面反射和底面反射,要么是因为储层不够厚导致地震分辨率达不到要求,要么是储层与上下围岩的阻抗差不够大导致反射太弱。举例来说,对于向上沉积颗粒变细的河道砂岩来说,其底面是一条清晰的反射轴,但其顶面反射是渐变的,因而顶面不会存在一条明显的反射轴。同样地,对于坝砂来说,其顶面反射清晰,但底面却是渐变的,从而底面不会产生一条清晰的反射轴。而且,从 NMO 分析得出,层速度的分析方法高度依赖于地层的厚度,对于薄储层来说可能就会存在很大的局限性。此外,地层速度的降低也可能归结于其他因素,例如岩性变化(砂岩过渡到页岩)或裂缝的存在。

6.2.2 极性

DHI 与反射系数的正负性是分不开的:亮点是负极性的,暗点和平点是正极性的。极性可以反映出储层岩性、流体类型及流体接触面的性质。一个负极性的强反射轴突然变成正极性的,这是含气砂岩往下倾方向变成含水砂岩的有效证据(见图 6.7)。虽然在分析 DHI 时,同时分析反射极性是至关重要的,但是在实践中往往很难确定出真实的反射极性。由于地震频带的宽度有限、反射轴之间相互干涉以及噪声的存在,真实极性的确定总会受到影响。

6.2.3 "下陷"效应

含气储层的速度下降会对下部的地层造成影响。如果含气储层较厚的话,其下部地层的反射时间将会受到明显延迟,从而在其正下方出现局部的反射轴下陷现象。这种现象被称为"下陷"或"下拉"效应,如图 6.8(彩图见附录)所示,图中给出了正演模拟结果和野外地震记录结果。

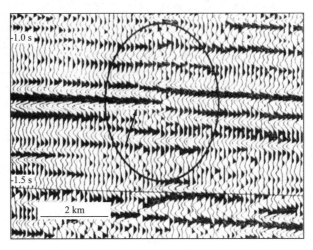

图 6.7 通过反射极性核实 DHI 的地震剖面。含气砂岩的顶面反射(波谷,负极性,强振幅)向右变成正极性的(波峰,弱振幅),这是因为含气砂岩向右下方变成了含水砂岩,逐渐拉大了与上覆页岩的阻抗差。(摘自 Anstey,1977)

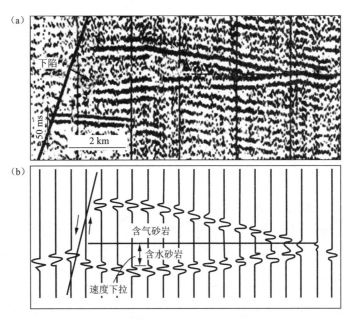

图 6.8 一个通过正演模拟来核实 DHI 真实性的例子。在实际地震记录(a)中,可以观测到,在含气砂岩储层的下方,反射轴出现了"下拉"或"下陷",推测是由含气后砂岩储层的速度降低造成的。图(b)中,通过正演模拟,证实了之前的猜测。(根据 Anstey,1977)

6.2.4 阴影区

很多时候,人们发现亮点之下会出现低频阴影区,一种解释是储层中的天然气会对地震波的能量造成吸收效应。在勘探应用中,天然气的吸收作用具有重要而广泛的地质意义。

人们进而发展出了新的技术,即通过研究能量衰减来进行油气直接检测,也就是通过分析振幅谱来找出地震波高频成分的衰减,这被称为"甜点"分析。吸收在数学上被定义为振幅除以频率的二次方(参考第一章)。此项技术还有另外一个方面的应用,即用于判别断层的封闭性,例如 Strecker 等(2004)的研究。沿地震剖面的纵向时间轴向下,逐个窗口进行振幅谱分析就可以确定不同时间能量吸收的大小,如果断面处出现了很明显的能量吸收现象,这意味着断层是开放和具有渗透性的,油气可经由此断层进行运移和聚集。反之,如果断面的能量衰减很小,这意味着断层可能是被胶结的,是封闭性断层。

但是,天然气被看作是一种湿滑的物质,不太可能造成摩擦而损耗掉大量的地震波能量,从而在地震记录上很难被觉察得到(Gregory,1977;Anstey,1977)。不过,也有报道指出,不完全饱和流体的储层可以出现一定程度的吸收损耗。尽管含气储层确实会造成大量的能量吸收,从而在其下部出现成像模糊区,其产生原因仍然是一个具有争议性的话题。尽管存在几种解释,似乎没有哪一种能够合理地解释低频模糊区(Ebrom,2004)。通过数值正演模拟,Ebrom 研究了这一现象,似乎找出了可能存在的机理。他研究了具有高吸收因子的储层岩石骨架类型,以及地震数据处理过程中与 CDP 叠加有关的可以导致高频损失的问题。不合理的叠加、不正确的反褶积和速度拾取(Anstey,1977)以及效果较差的偏移处理都可以导致反射波的高频损失,从而剖面呈现低频模糊的样子。如果储层的岩性是渐变的,反射就会是过渡形态的,从而没有清晰的反射轴,另外,如果较厚的储层内存在着多个薄的含气地层,与上下围岩的阻抗差在正负之间来回转换,这种情况下也会造成反射剖面的高频损失(参考第一章)。根据 Anstey(1977)的观点,可能并不能将低频伴影本身作为油气存在的标志。

然而,许多含气储层下方的地层并没有出现所谓的低频模糊现象,因此,我们可以判断,与天然气有关的吸收作用并不能作为低频模糊区的唯一解释,需要考虑的其他原因还包括储层岩石的类型、含气薄互层的存在、垂向沉积相的变化以及薄层多次波的干涉等。

6.3 振幅异常(DHI)的局限性

尽管 DHI 属性看起来很简单,由于存在本质上的局限性,从地震数据估算 DHI 并非易事。火山岩床、钙质砂岩地层、煤层、超压砂岩和页岩地层、造成调谐效应的薄层、二次成岩作用下形成的岩层都可能会表现为亮点或平点。反射极性是关键的核验指标,可惜的是,极性的确定总是很困难的。钻探前,解释人员需要综合分析所有的地震信息,以确保 DHI 能够作为油气远景区的可靠证据。为了降低勘探风险,同样有必要将远景区的评估与本地区总体的地质认识结合起来综合考虑。在利用地震数据对 DHI 进行确认时,需要与地质评估保持一致,这样才能做钻探决定。一个由地球物理方法确认的 DHI,放在整个圈闭范围内考查时,如果缺乏合理的地质意义,就需要谨慎地剔除掉这种异常。例如,背斜构造侧翼出现了高振幅(亮点),而不是构造顶部,或者向斜底部出现了水平状反射轴(平点),这些都是可疑之处,除非有合理的地质解释才可以将其当作地层圈闭来考虑。

尽管高振幅亮点异常已经被广泛接纳为天然气存在指示的典范,其适用性不应该被扩大。高振幅异常只在特定的地区和特定的地质条件下才会出现。在地震剖面中确认经典的亮点异常时,其先决条件是需要有一种特定的碎屑岩沉积环境,储层砂岩最好是高孔隙和未压实的,盖层是阻抗较高的页岩,这样才能形成一个明显的负阻抗差。埋藏较浅的中新世—上新世或更年轻的砂岩一般具有较低的阻抗,这种地质条件最有利于形成 DHI。尽管如此,不同的地质环境下会有各种各样的岩相和阻抗差异配置,都会造成振幅异常。如此说来,有必要研究储层上部覆盖着的页岩的岩性,对不同的沉积盆地来说,其性质变化范围很大,可以造成各种类型的振幅异常。埋藏较浅的页岩会具有明显的各向异性,这也会增加问题的复杂性。

为了避免将假的振幅异常作为天然气存在的指示,出现了更高级的技术来对远景区进行分析以降低风险,包括 AVO 技术、横波分析技术以及反演技术,我们将在第 9~11 章中进行介绍。

将 DHI 用于勘探的主要缺陷在于,利用地震数据对储层的天然气饱和度进行估算时,较低的天然气含量(约 10% 的饱和度)就会造成和完全饱和时一样的地震反射效果。这是因为,天然气含量持续增加时,岩石的刚性变化并不明显。因此,许多依据振幅异常而进行钻探的井,虽然钻遇到了天然气,但其饱和度却很低,从而缺乏商业价值。

参考文献

1　ANSTEY N A,1977. Seismic interpretation,the physical aspects,record of short course "The new seismic interpreter". IHRDC of Boston,Massachusetts:4. 1-4. 24.

2　BULLOCH T E,1999. The investigation of fluid properties and seismic attributes for reservoir characterization. Michigan:Michigan Technological University.

3　CLARK V A,1992. The effect of oil under in-situ conditions on the seismic properties of rocks. Geophysics,57(7):894-901.

4　EBROM D,2004. The low-frequency gas shadow on seismic sections. The Leading Edge,23(8):772.

5　GREGORY A R,1977. Aspects of rock physics from laboratory and log data that are important to seismic interpretation. AAPG Memoir,26:23-30.

6　LIU Y,1998. Acoustic properties of reservoir fluids. Stanford:Stanford University.

7　NANDA N C,WASON A K,2013. Seismic rock physics of bright amplitude oil sands-a case study. CSEG Recorder,Focused article:26-32.

8　OSIF T L,1988. The effect of salt,gas,temperature,and pressure on the compressibility of water. SPE reservoir evaluation & engineering,3:175-181.

9　SCHROOT B M,Schüttenhelm R T E,2003. Expressions of shallow gas in the Netherlands North Sea. Neth J Geosci,82:91-105

10　STRECKER U,KNAPP S,SMITH M,et al,2004. Reconnaissance of geological prospectivity and reservoir characterization using multiple seismic attributes on 3-D surveys:an example from hydrothermal dolomite,Devonian slave point formation,northeast British Columbia,Canada. CSEG National convention:1-6.

11　WANDLER A,EVANS B,LINK C,2007. AVO as a fluid indicator:a physical modelling study. Geophysics,72(1):9-17.

12　WANGZ J,2001. Y2K tutorial-fundamentals of seismic rock physics. Geophysics,66 (2):398-412.

13　HWANG L F,LELLIS P J,1988. Bright spots related to high. GOR oil reservoir in Green Canyon:58th SEG Ann Internat Mtg. Anaheim,California,Expanded Abs: 761-763.

第七章　井中地震技术

使用地面震源,在井中放置检波器记录地震波,这种地震调查就被称为井中地震调查;当震源被放置在附近的另外一口井中时,在井中放检波器记录地震波,这种地震调查就被称为井间地震调查。通过校验炮技术和 VSP(Vertical Seismic Profile,垂直地震剖面)技术等井中地震技术可以了解地层的真实速度信息,这对时深转换和地震连井校准来说都是至关重要的信息。井间地震的原理是层析成像,大多用来监测提高采收率(EOR)措施的驱油效果,本章会对此进行介绍。

本章会概括介绍不同类型的 VSP 调查,重点介绍 VSP 走廊叠加在地震校准方面的应用。接下来会指出校验炮调查和 VSP 调查的区别、VSP 井中速度(地震速度)与声波测井速度的区别。最后给出校验炮调查和 VSP 调查的缺陷以及如何避开这些缺陷。

使用地面震源或邻近井中的震源来激发地震波,在井中安置检波器来进行记录,前一种被称为井中地震调查,后一种被称为井间地震调查,本章最后将会对井间地震调查进行介绍。对井中地震调查来说,可以分成两种类型:一种是校验炮调查,另一种是 VSP 调查。

7.1　校验炮调查

校验炮调查,也就是井中速度调查,用于测量地层真实的平均速度,以便将地面地震记录到的反射时间转换成地层所对应的深度。在地面激发震源时,在井中部署检波器,一般间距较大且不规则,这些检波器就可以记录向下传播的直达波(初至波)。对于直井来说,震源需要尽可能地靠近井口(在安全许可的范围内),这样射线路径才会直达检波器,从而测量到真实的垂向地层速度。对于斜井来说,地震波从震源出发传播到检波器的路径是倾斜的,在计算地层速度时需要一个简单的余弦校正因子,以便将钻井深度转换成垂向深度。井中检波器放置深度的选取原则是,尽可能靠近大的岩性边界以便提高地层速度信息的准确性。检波器间距一般是不规则和随意的,间距为 75~150 m(Brewer,2002),虽然增加更多的测量点能得到更准确的地层深度,但是这也会增加额外的开支和钻井时间,需要在二者之间进行平衡考量。

地面震源和井中检波器配合,在井中由检波器记录下行直达波的传播时间,从而能够精确计算出检波器深度以上地层的真实平均速度。将各个检波器记录到的直达波初至时间沿着深度绘图就得到了 t-D(时间-深度)曲线,这就是真实平均速度函数的图像,用于将地震时间转换成地质深度,这是至关重要的信息。校验炮数据除了可以用于时深转换之外,在校准声波测井速度方面也扮演着非常重要的角色,以用于合成地震记录或用地震速度来校准连续速度测井(CVLs)信息。有了校验炮的比较,利用校准后的声波速度能够准确给出薄地层的速度信息,由于受到时间和成本的限制,校验炮调查是无法提供高分辨率信息的。声波速度是需要被校准的,由于多个方面的原因,声波速度与地震速度往往是不一致的,本章后面会对此做一介绍。

7.2 垂直地震剖面(VSP)

VSP与校验炮调查类似,也是地面激发和井中记录,但发展得更为精细和完善,在勘探开发中能够解决更多的问题。VSP记录全部的地震波信息,除了直达波之外还记录反射波和多次波,检波器在井中的部署是间距较小且规则。图7.1是简单的直井情况下VSP的几何构图。当然,根据调查目的的不同,也可以设计其他类型的VSP几何构图,不仅适用于直井,也适用于斜井和水平井。用于直井的VSP类型一般比较简单,下面做一简介。

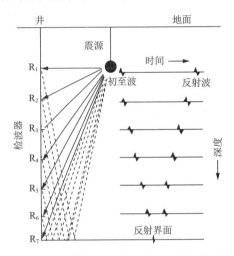

图7.1 VSP的调查布局。以规则的小间距在井中安置检波器(R_1,R_2,…)。带箭头的实线表示下行直达波(初至波),虚线表示来自反射界面的上行反射波。图的右半部分代表所记录到的初至波和反射波。[改编自 Balch 等,1981(图5)]

对校验炮调查来说,井中检波器的间距较大且随意,只要记录到下行的直达波(初至波)即可,VSP记录的精度要求更高,检波器间距应该一致且较小(15~30 m)(Brewer,2002)。根据图7.2所示的VSP的几何构型,不仅可以记录和处理下行直达波(即校验炮调查中记录到的初至波),也可以记录后续到达的上行反射波,这是来自检波器深度之下的岩层界面的反射。下行波直接到达检波器并被记录下来,除了能够提供真实的上覆层平均速度之外,还能够提供震源子波初始的波形,以及向下传播过程中(由于衰减)波形的变化情况,这些信息也是十分有价值的。在每一个深度点都采集到了下行的地震子波,对其波形进行分析会有助于理解地震波的衰减和不同深度地层中存在的各向异性。利用这些信息,可对关键的地震数据处理参数进行有效优化,以获得更高的分辨率。在地震处理过程中利用VSP信息进行优化设计的优势包括:(1)为确定性反褶积设计出一个合理的子波;(2)识别出多次波及其产生原因并对其进行有效去除;(3)确定出地下的衰减谱并做好"Q"补偿;(4)估算出层速度以及零相位反射系数;(5)确定出最佳滤波带宽以提高信噪比。

单程传播时间 /s ──→

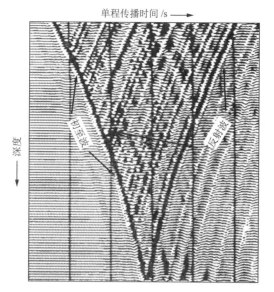

图 7.2　VSP 原始记录剖面。含有下行直达波（初至波）和上行反射波。（得到印度 ONGC 的许可）

　　VSP 中的上行反射波记录了来自所有界面的反射信号，包括比井底更深的界面。靠近某个反射界面的检波器所记录到的地震波只经历了单程传播时间，这与常规的地面地震记录中的双程传播时间是不同的。由于单程传播情况下介质吸收作用更小，并且没有复杂近地表和透射多次波的干扰，VSP 的地震分辨率更高。合理处理过的 VSP 实际上是一幅单次叠加的反射剖面。选择合适的走廊带（通常带有主观性）进行部分叠加之后（即 VSP 走廊叠加），能够有效提高信噪比（见图 7.3，彩图见附录）。可以很方便地将走廊叠加插入地震剖面中，以便利用井中的地质信息对地震反射轴进行校准。

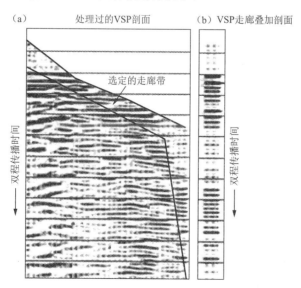

图 7.3　处理过的 VSP 剖面（a）及 VSP 走廊叠加剖面（b）。较深处的反射质量较差，可能是信号较弱或井中存在噪声的缘故。VSP 走廊叠加是在一个人为选定的走廊带内（红色）对部分反射轴进行叠加处理，时间轴是双程传播时间，这样就可用于对地震数据进行校准。（得到印度 ONGC 的许可）

VSP 走廊叠加剖面被认为是不含多次波的零相位地震记录,能够真实反映地下的反射界面,因此在对地面地震记录进行校准时,VSP 是一种可靠的首选方法。但是,井中得到的VSP 走廊叠加剖面和地面地震剖面中地层单元所对应的反射时间可能并不一致。这其中有几个原因,包括记录设备和检波器的反应是不同的,数据处理的手段也是不同的,静校正和基准面校正也是不一致的,两种数据集中的环境噪声也不同。在这种情况下,需要对 VSP走廊叠加剖面进行适当校正(时间移动)以便使其相位(波峰和波谷)与地面地震剖面相匹配。如图 7.4 所示,对 VSP 走廊叠加剖面进行了 18 ms 的时间平移,以便与三维地面地震剖面匹配起来。尽管如此,由于噪声相对较少、优于常规地面地震的分辨率、数据是零相位的,VSP 技术对储层刻画和表征来说尤其具有重要价值。

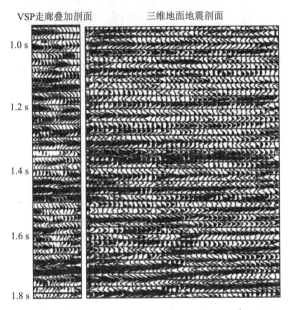

图 7.4　VSP 走廊叠加剖面与三维地面地震剖面的匹配。VSP 走廊叠加剖面经过
18 ms 的校准后,与三维地面地震剖面的反射轴匹配良好。(摘自 PetroWiki)

然而,VSP 最特别的地方或许还在于它具有预测钻头前方地质情况的能力,这对钻井工程师和勘探管理人员来说特别有用。由于捕捉到了地下所有不连续体的反射信号,VSP 能够预测未钻开地层的地质情况,能够对目标深度及其以下地层的情况进行提前规划。有时候,如果对继续钻进存在争论,无论是存在无功而返的可能还是存在地质危害,进行 VSP 调查都是明智之举,这有助于合理确定后续的方案,包括钻井方案。其中的一个例子就是,在钻达目的层之前可能会遇到一个超压地层,这是之前未考虑到的。如果不知道超压的大小及其展布范围的话,决策层就不敢盲目地做出继续钻进的决定。另外一个难点就是,在设定的深度处并未钻遇到地质目标。决策层也需要对此做一决断,是继续钻进还是无功而返。放弃这口井而达不到勘探目的的话,考虑到时间和资金的投入,这是令人极其沮丧的事情。反过来说,如果继续钻进的话,需要进一步了解地下的各种地质信息,以便重新规划出一个钻井方案,以达到重新设定的目标深度。

如图 7.5 所示,与从声波测井计算得到的 CVL 类似,VSP 调查也可以给出对层速度的定量估算,从 VSP 记录到的反射信息中通过地震反演技术就可以完成这一任务。在利用声波曲线校准后,可以利用 VSP 预测地下的地质情况,包括岩性、地层厚度、孔隙度以及钻头前方的地层压力情况,这对钻井工程师来说是非常有价值的。

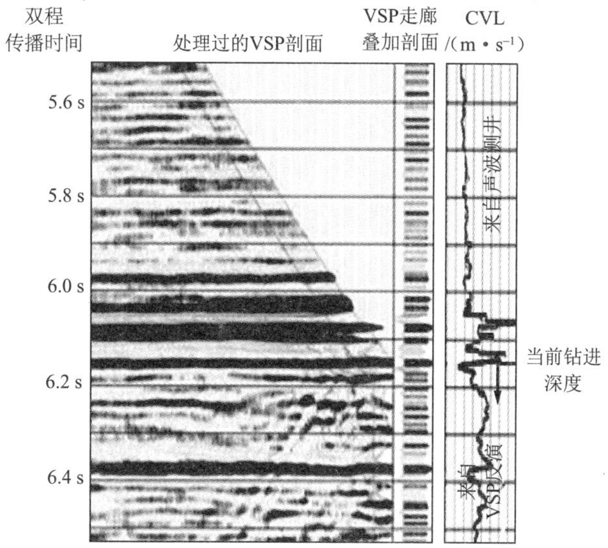

图 7.5　深海钻井中利用 VSP 预测钻头前方地质情况的例子。在当前钻进深度之上进行了声波测井,更深层的地质信息是测井得不到的。可以对 VSP 数据进行反演以得到地层的速度,以此来预测未钻遇地层的地质信息。(得到印度 ONGC 的许可)

7.3　VSP 的类型

　　对直井进行的 VSP 调查一般有零偏移距、非零偏移距和上行走等几种几何布置方案,这要根据勘探目标而定。对零偏移距 VSP 来说,震源是靠近井口的,这与校验炮调查类似,只能提供一维地震记录,与合成地震记录相似。对非零偏移距或偏置 VSP 来说,震源离开井口几百米远,这样能够提供井口附近有限覆盖范围内的二维地震图像(见图 7.6)。但是其对地下的覆盖范围是非常有限的,横向扩展范围不超过震源离井口距离的一半,并且还会受到其他因素的影响,包括构造倾角、反射界面的深度、井中检波器放置的最浅深度和最深深度。

　　上行走 VSP 是一种更精细的类型,检波器在井中的布置并没有什么特别之处,但是震源可以在离开井口不同距离处进行多次激发,也可以围绕井口沿不同的方位角进行激发。因而上行走 VSP 调查能够产生一幅叠加地震剖面,这与常规的地面地震 CDP 叠加类似,这样在井口周边区域可以提供高分辨率的多次覆盖剖面,可用于储层表征。

　　一个设计合理和实施精准的 VSP 调查在实际应用中可解决以下勘探问题:(1)得到可用于时深转换的垂向地层速度函数;(2)为优化地震数据处理参数提供依据;(3)校准声波测井数据;(4)校准地面地震数据;(5)钻井过程中进行钻头前方的地质预测;(6)用于储层刻画和表征。

　　不过,在用于刻画储层横向展布时,VSP 就遇到了麻烦。对一个横向展布仅有 500 m 的储层成像,震源离开井口的距离需要达到 1 000 m,无论是从技术上还是从施工上来讲这都会遇到麻烦。一口生产井的采油范围一般都会有 400~500 m,VSP 想要达到这个覆盖尺度恐怕是困难的。

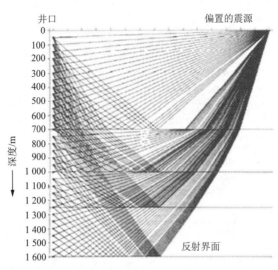

图 7.6　偏置 VSP 的射线追踪模型图。地震波从离开井口一定偏移距的震源出发向下传播，下行波和上行波都被检波器记录下来了。注意，VSP 射线对地下的覆盖范围是非常有限的，而且地层界面越深时对其横向覆盖长度越短，可以从图中不同深度界面上的反射射线反映出来。

7.4　校验炮调查与 VSP 调查的对比

尽管校验炮调查和 VSP 调查都是在井中安置检波器来测量地层的速度，二者之间确实存在多个不同之处，见表 7.1。

表 7.1　校验炮调查和 VSP 调查的比较

序号	校验炮调查	VSP 调查
1	震源靠近井口	根据调查目的的不同，震源离开井口的距离是可变的
2	检波器间距较大（50～100 m）且不规则	检波器间距较小（10～20 m）且相等
3	只记录初至波	记录初至波和地下界面的反射波
4	不记录震源信号，因此无法提供地层吸收衰减信息（Q）	每一个检波器都记录震源信号，利用其随深度的变化可得到地层吸收信息（Q）
5	初至波组成的一维记录；无地下界面的信息	能够记录二维或三维反射信号，可以对井周围的地下成像
6	处理过程简单，仅仅拾取初至波并静校正到基准面	需要对下行波和上行波进行复杂的处理，包括静校正、反褶积和动校正等常规地面地震数据处理流程
7	在井中测量特定深度之上地层的真实平均速度，能够提供一维的时间-深度关系曲线	能够更精确地测量真实平均速度，能够提供二维地震剖面或三维地震数据体
8	用于校准地面地震时间、校正声波漂移和校正声波积分时间	用于精细的连井校准、储层刻画、钻前预测、地震数据处理和参数优化
9	实施简单，时间和资金投入较少	实施较复杂，时间和资金投入较多

7.5　井(地震)速度与声波速度

原则上说,在井中测量到的地层的平均速度与声波测井得到的平均速度是不一致的,原因有多种。首先,地震波和声波发射源的频率差异很大。地震波的频率一般为5～125 Hz,而测井声波的频率为2～20 kHz(Bulant 和 Klimes,2008)。由于频散效应,更高频率的波其速度也高,声波速度因此会比地震波速度高。其次,二者的传播规律和所研究的目标尺度是不同的。地震波传播所经过的地层远比声波记录时所穿过的地层厚度大,地震波所经历的岩相变化大,而声波所穿过的岩石体积就小很多,二者的传播规律不一样(Thomas,1978;Stewart 等,1984)。地震速度是地震波所传播经过的横向距离内的平均值,会受到岩层内的吸收作用和短程多次波作用的影响,声波测量则不会遇到类似的问题,因此地震速度会更低。再者,岩层中会存在裂缝和裂纹,这会降低地层的体积模量,从而降低地震波的传播速度,但是声波速度不会受此影响,因为声波较短,总是会寻找最快的传播路径,从而能够避开岩层中的这些缺陷体。顺便提及,可以利用声波不受裂缝影响的特征来计算裂缝孔隙度,通过声波测井计算出粒间孔隙度,再通过中子测井计算出总的孔隙度,二者之间的差就是裂缝孔隙度。

原则上声波速度会比地震波速度高,但有些情况下声波速度也会表现出更低的现象,比如井下环境较差时,或井眼周围的地层受到了钻井液的侵入而发生变化。声波速度也会受到测井工具与井壁接触不佳、地层受到冲刷以及周期跳步等因素的影响(Brewer,2002)。声波测井中出现周期跳步是因为到达一个或更多个接收器的初至波被错失了或是被错误地读取了,这是受到了噪声干扰的缘故,因此计算出的声波速度就会过高或过低。

累积后的声波时间与校验炮时间或 VSP 传播时间的差异被称为漂移。不同的深度漂移量是不同的,在整个井段范围内是非线性变化的,某些井段是正值,某些井段可能是负值(见图7.7)。在用于计算地层反射系数并制作合成地震记录之前,需要对声波速度进行合理的校正。另外,极少从地面开始进行声波测井,对整个测井深度段进行声波时间累积时,需要一个初始值,即从地面到有声波测井记录深度处的传播时间,VSP 调查和校验炮调查可以提供这种缺失的关键信息,来对声波测井进行校准(Stewart 和 Disiena,1989),之后才能提供可靠的合成地震记录。

最后,需要强调的是,井中速度调查和声波速度测量本质上得到的是两种不同研究对象的速度。VSP 调查和校验炮调查测量的是井眼周围的真实的垂向平均速度,声波速度测量的是紧挨着井眼的一小块岩石内的传播速度。

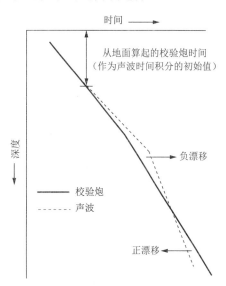

图7.7　声波漂移校正的示例图。漂移指的是声波时间和校验炮时间的差。漂移可以是纵向非线性变化的。校验炮时间是真实的传播时间,如果声波时间早于校验炮时间就称为正校正,反之则称为负校正。

7.6 井速度调查的局限性

井中测量得到的速度,一般来说是可靠的,但是也会有不准确的时候,比如记录质量较差或者拾取和处理初至波出了问题。记录质量会受到检波器和井壁耦合效果的影响,或者是震源强度不够、井下环境不利、井内或井周围存在环境噪声等。震源强度不够的话,就不能对地下施加足够有效的能量以使地震波穿透地层,但是仅仅提高震源强度的话又会危及井的安全。尤其是陆上的井,地震速度测量会受到局部存在的近地表异常速度带、浅层各向异性、不合理的基准面校正以及传播延迟的干扰。速度频散和短程多次波的存在都会明显地延迟地震波的到达时间。作为一项有效的井速度监察措施,解释人员最好是将井中的地质层位与所有深度段的地震标志层做一对比分析,而不仅仅是分析目标层段。

在习惯性地将 VSP 走廊叠加剖面与地面地震剖面进行对比时,解释人员最好是查看一下所处理过的最终的 VSP 剖面,核实上行波的特征。这往往能够说明记录和处理数据的质量,以及 VSP 剖面中反射轴的可靠性,并当面判断与(人为)主观选取的走廊叠加剖面及其最终的走廊叠加剖面是否一致。检查最终处理好的 VSP 剖面是 VSP 处理及 VSP 走廊叠加的质量控制(QC)步骤,这对后续的地震校准是至关重要的。最好是将处理好的 VSP 剖面、VSP 走廊叠加剖面插入地面地震剖面中进行综合展示,这样才能有效地利用地震剖面对 VSP 进行校准(见图 7.8,彩图见附录)。地面地震剖面和 VSP 走廊叠加剖面的显示模式也是很重要的。最好不要采用变密度模式,而是利用波形道模式来进行显示,这样才能有效比对目标反射轴的匹配特征。

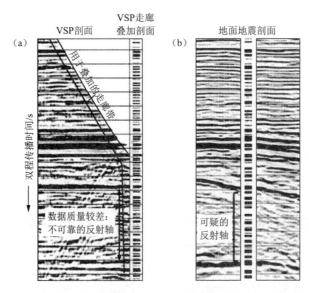

图 7.8 VSP 剖面、VSP 走廊叠加剖面和地面地震剖面的综合显示。注意,在 VSP 剖面及 VSP 走廊叠加剖面的下半部出现了过多的强反射轴,可能是存在噪声从而使数据可靠性出现了问题。(a)VSP 走廊叠加剖面内出现的这些强反射轴在地面地震剖面中没有出现,说明这些反射轴是可疑的;(b)VSP 和地面地震时间没有匹配起来,需要对 VSP 时间进行校正,二者反射轴相位的不匹配也是由于变密度显示模式的不恰当应用引起的。(得到印度 ONGC 的许可)

　　尽管 VSP 可以提供更丰富和更精确的信息,但其在实际中并没有得到广泛使用。除了前面提到的 VSP 采集本身的局限性之外,其他原因还包括对调查目的的定位比较模糊,实施的理由有时也不够充分(Hardage,1988)。当然,为了有效地解决特定的问题,合理施工的 VSP 调查可能会明显延长钻进时间,从成本上来说也不够现实。相对较高的成本支出和相对较低的回报也可能是 VSP 没有得到大量使用的原因。为了成本效益,很多公司都只愿意做实施相对简单和便宜的校验炮调查。

7.7　井间地震

　　井间地震是通过对传播时间进行层析来对井间区域进行成像。随着采集和处理系统的革新和进步,可以在井下布置高频(kHz)和无损的震源以及高灵敏度的检波器,从而提高井间地震传播时间的测量精度。由于震源和检波器都是布置在井下的,与井中地震(单程传播时间)和地面地震(双程传播时间)相比,井间数据就不会受到近地表的影响,因而能够得到高分辨率的数据。通过层析可以对地质目标进行高质量的成像,即通过传播时间反演重构速度模型。尽管只能对井间的一小片区域进行成像,井间地震数据却具有巨大的应用潜力,能够解决储层研究中的问题,包括采油阶段的工程问题。一些重要且有意义的应用方面包括储层表征、对裂缝及其带来的各向异性进行分析,这会控制地层的渗透率及流体的流动特征。在提高采收率(EOR)阶段,井间地震技术可用于监测油藏内流体的流动,可以探测到异常的高渗透性通道和非渗透性通道(流动障碍),以服务于开发阶段的提早堵水和能量控制驱油,尤其是对黏度高的重油油藏特别有帮助。在开采重油时,需要在一口井内注入热蒸汽,使重油流向另外一口井,井间地震能够以几米的尺度监测蒸汽驱的效果。

参考文献

1　BALCH A H,LEE M W,MILLER J J,et al,1981. Seismic amplitude anomalies associated with thick First Leo sandstone lenses,eastern Powder River Basin,Wyoming. Geophysics,46(11):1519-1527.

2　BREWER J R,2002. VSP data in comparison to the check shot velocity survey. Search and Discovery Article #40059:1-5.

3　BULANT P,KLIMES L,2008. Comparison of VSP and sonic-log data in nonvertical wells in a heterogeneous structure. Geophysics,73(4):19-25.

4　HARDAGE B A,1988. VSP status report. The Leading Edge,7(9):25-27.

5　STEWART R R,Disiena J P,1989. The values of VSP in interpretation. The Leading Edge,8(12):16-23.

6　STEWARt R R,HUDDLESTON P D,KAN T K,1984. Seismic versus sonic velocities:a vertical seismic profiling study. Geophysics,49(8):1153-1168.

7　THOMAS D H,1978. Seismic applications of sonic logs. Log Analyst,19(1):23-32.

第二部分

开发地震学

第八章 高分辨率三维和四维地震数据的评价

三维地震数据具有诸多优势,能够以任意方位角来显示地震剖面,也能够从中提取许多地震属性。另外,以水平切片的形式显示三维地震数据具有独特的优势,在俯视图中可以更好地观察小尺度的沉积特征。地层属性切片因而被广泛应用于河道及决口扇复合体及相关的各种沉积相的绘图当中。地震数据体的层位显示有助于地震层序地层解释(SSSI),能够据此建立起用于石油系统模拟的构造和地层框架。

三维数据体具有更高的垂向分辨率和更密的空间采样间隔,能够更好地刻画油藏的几何特征和表征油藏的性质,这些都是初始油藏模拟(静态表征)的关键输入信息,据此可以估算油气的地质储量并对后续的采油生产进行规划。

四维地震是经过一段时期的生产之后又进行的三维地震调查,据此可以评估由生产而造成的油藏参数的变化(动态表征)。四维地震有助于研究生产过程中流体的流动情况,因而被称为地震油藏监测(SRM),有助于确定出死油区、流动障碍体和提高采收率(EOR)的驱油效率。本章也给出了四维地震技术的局限性,尤其是它仅适用于特定类型的、需要有良好振幅异常(DHI)响应特征的油藏。

利用高分辨率、高密度的三维和四维地震数据可以精确预测岩石和流体的参数。在油田开发和生产阶段,岩石和流体的参数是油藏表征和油藏模拟时的关键输入信息,其解释和评估技术与二维地震类似,但是需要多学科的协同工作,包括各种类型的数据,如地震、地质、测井、岩芯、钻井、储层和油藏生产数据。显然,评估人员需要具备相应的专业知识和经验,更为重要的是,需要有多学科团队合作的态度,这样才能够取得预期的成果。三维地震数据越来越多地应用于储层表征,而四维地震数据则用于生产阶段对流体流动进行监测,所以有时前者也被称为"储层地震",而后者也被称为"生产地震"。

8.1 三维地震(储层地震)

三维地震数据在采集时是沿着规则网格密集采样的,数据处理后是三维数据体的形式。在陆上,三维地震数据采集的网格是密集的,炮点和接收点网格在地面的分布形式被称为"刈痕"。在刈痕图上,检波器线是彼此平行的,炮点线也是彼此平行的,且炮点线与检波器线是垂直的(见图8.1)。不过,可以有很多种形式的采集布局,需要根据特定的地质目标来模拟和设计采集观测系统。

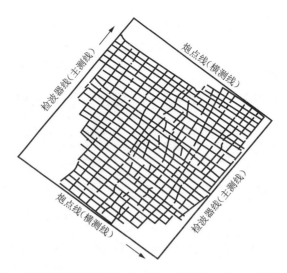

图 8.1 典型的三维地震采集观测系统布局图。各条炮点线之间是彼此平行的,检波器线也是如此,且二者是互相垂直的。检波器线被称为主测线,炮点线被称为横测线。此例中有些网格点是空白的,这是由于受到了地面条件的限制而无法在那一点进行施工所导致的。

在二维地震采集中,检波器所记录到的反射信号都来自于一个单一的平面,即炮点、反射点和检波点所确定的垂向剖面;在三维地震采集中,检波器可以记录到来自不同方位的反射信号。三维地震道之间的空间间隔是由"面元"来确定的,是一系列共深度点(CDP)叠加反射信号所确定的最小地面面积,根据网格的大小一般是 12.5 m×12.5 m 或 25 m×25 m,这取决于地质目标的大小。对海上三维地震来说,为了提高采集效率,地震勘探船大多会拖曳多条靠得很近的漂缆测线并使用气枪阵列震源。

密集规则网格的三维地震数据为基于数据体的处理技术提供了可能,比如地表一致性静校正和反褶积、高精度速度分析和偏移,这大大提高了地震数据的时间和空间分辨率。多方位(MAZ)记录到的地震数据能够有效消除衍射和侧翼反射,从而可以得到一个比二维更精确的三维地下成像。多方位数据也为识别方位各向异性和裂缝性地层提供了可能。特别是三维叠前偏移处理在其中起到了重要作用,能够提高图像的清晰度和分辨率(见图 8.2)。

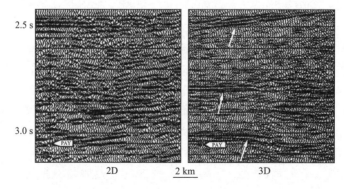

图 8.2 二维地震图像和三维地震图像的比较。在三维地震图像中,反射轴的分辨率和连续性都得到了大幅度的改善(箭头所指处),这是由于进行了三维偏移处理的缘故,噪声因而得到了降低,同时空间分辨率也得到了提高。(得到印度 ONGC 的许可)

三维地震数据体具有更高的分辨率和更高密度的覆盖能力,通过三维可视化软件,为基于数据体的解释提供了条件。借助三维解释能够更好地理解地层展布情况和构造样式,在传统的二维地震剖面中,这些地质特征可能并不明显,因为二维情况下是逐个剖面进行解释的。借助三维数据的解释结果可以更加准确地描述油藏的几何形态并能够量化分析地层的物性参数,这是油田开发阶段所需要的信息。不过,这需要准确的地震层位追踪,这之前又需要进行精确的连井分析,之后才可以进行具体的地震成图和对地层性质进行评估。

借助强大的软件系统,人们可以进行快速而精确的三维交互解释。由于突破了二维数据的限制,人们可以很方便地使用多种三维技术,例如能够以任意方位角来展示地震剖面;以俯视图的形式展示时间/地层切片;提取地质体的各种几何属性,如倾角、方位角、曲率和相干体;绘制断层面(参见第十章)。隐蔽的地质特征,如三角洲进积地层、河道充填沉积,在二维剖面形式下也许只能在倾向剖面或走向剖面中才能够得以显现,如果二维测线未按照有利的方位布置,这些目标可能会错失。三维地震能够突破这些限制,因为地震数据体可以沿任意方向展示地震剖面,解释人员可以根据自己的意愿从不同的方位观察地质特征。也可以构建一幅穿过多口井的地震剖面,这在连井分析时是极其有用的,可以将地震响应与井中已知的油藏参数联系起来。这种剖面穿过油井和干井,利用井信息可以对地震数据进行校准,指导预测井间及其他区域的地层参数变化情况。

在三维解释中,最为便捷和高效的一种方法就是以水平切片的方式来展示地震数据,这与传统的二维地震垂向剖面展示方式是不同的。沉积地质体的横向尺寸大多大于其厚度,因此在地震解释时利用层位切片显示有助于识别小尺度的沉积特征,在俯视图视角下或许会得到强化(Zeng,2006)。层位显示是通过在三维数据体中进行水平切片来实现的,广泛应用于展示各种类型的地震属性,这里只介绍振幅属性,其他的属性体切片将在第十章中进行介绍。

8.1.1　地震数据体的层位显示:振幅水平切片

对三维数据体可以进行时间切片(水平切片或垂直切片),也可以将一个已经追踪好的层位进行展平显示(层位切片),这样就可以很方便地显示地震振幅沿着固定时间或某个固定层位的变化情况,从而可以很方便地绘制整个区域内地质体的空间展布情况。时间切片也被称为是"地震露头",类似于地质露头术语,即利用水平切片和垂直切片来研究露出地表的岩石,而层位切片则被称为"层位地震露头"。

有了切片技术,就能够以俯视图的形式显示隐蔽的地质沉积特征,如河道沉积、三角洲沉积、障蔽坝沉积和扇复合体等,这与利用卫星图像来观察地表地形特征有些类似(Zeng,2006)。一般的解释工作都是采用垂直地震剖面的,但是由于地震分辨率方面的限制,可能很难识别出一些小的地质体,如点砂坝、堤坝沉积、决口扇等,这些也是有利的勘探目标。图8.3(彩图见附录)展示了一个河道的例子,这是一种常见的勘探目标,在层位切片中河道会被清晰的显示出来,但是在垂直剖面中却很难被识别出来。

层位地震露头是沿着一个地层进行切片,实际上是显示了一个沉积界面的空间展布特征,在整合层序内效果很好,因为地层是平坦沉积的,比如"多层蛋糕"类型的地质沉积。切片时沿着层位进行并展平了显示,因此切片是沿着地层交界面进行的,不会囊括进来其他地质年代的沉积特征。在地层切片数据体中用小的时窗进行扫描的话,就会给出沉积序列内沉积特征的垂向和横向变化,如果层序是等厚的,就不会有问题。但是如果这个层序的厚度

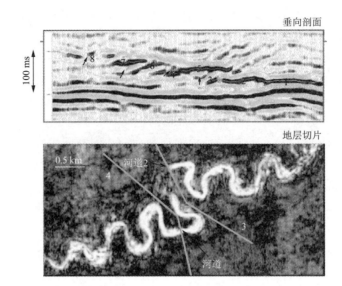

图 8.3   在地震地层切片(层位地震露头)中河流的几何形态得到了清晰的展现。在
常规垂向地震剖面中很难识别出河流的形态。(改编自 Kolla 等,2001,图 4 和图 12)

是变化的,这在实际中是很常见的,那么层位切片就会囊括进来不同地质年代的非等时反射
特征。此时,为了确保切片是沿着地震层位界面的,需要从地震数据体中制作出地质时间界
面(即地震反射界面),在两个参考地震层位界面之间,将空间变化的时间厚度分成一系列均
等的更小的时窗。沿着这一系列时间界面的切片就被称为地层切片或是等比例切片,据此
能够得到层序内更具体的沉积相变化情况。根据地层切片绘制出地震属性图,就可以在此
基础上进行沉积体系的分析了(Zeng,2006)。

另外一个常用的技术就是利用复合地震数据,即显示一个小时窗内的振幅,包括平均振
幅、最大振幅和均方根(RMS)振幅。实际上,在选定时窗内所有采样点的振幅都会参与计
算。平均振幅等于所有采样点的振幅的平均值;最大振幅等于时窗内波峰和波谷处振幅的
绝对值;最常用的 RMS 振幅等于所有采样点振幅值二次方和的二次方根除以采样点的个
数。二次方计算突出了振幅较大的值,但是也对噪声比较敏感。在时窗内分析振幅是一个
识别油气层的简便方法,可用于普查阶段。时窗的大小非常关键,在不同大小的窗口下,振
幅特征可能不同,引申开来的地质含义也就不一样,因此,需要根据目标特征来选取合适的
窗口大小。

有时会将地层切片与垂直剖面一起来显示,这被称为"椅式显示"。利用椅式显示可以
很方便地对比分析地层切片和垂直剖面,可以更清楚地对地质体进行解释(见图 8.4,彩图见
附录)。同时利用地层切片和垂直剖面可以得到最佳的地层分辨效果,从这个意义上来说,
椅式显示是极其有用的。

8.1.2   地震数据体的层位显示:层序地层学解释

一般的地震解释都是利用垂向地震剖面,这种图像反映了地下地质随深度的变化情况。
但是随着地震"水平显示"优势的出现,三维地震数据体的层位显示成了地震层序地层解释
(SSSI)中一个快速而高效的工具,下面对此进行简要介绍。

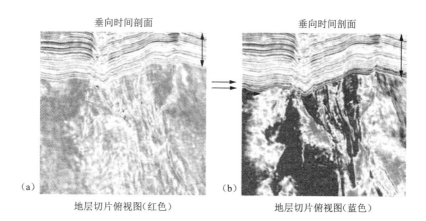

图 8.4　以振幅为显示值的地层切片与垂向时间剖面的联合椅式显示。在垂向时间剖面中选出一个红色的层位和一个蓝色的层位(用箭头示意),将这两个地层振幅切片的俯视图与垂直剖面一同展示出来,分别见(a)和(b)。尽管在垂向时间剖面中这两个反射层位的形态看起来很像,在地层的振幅切片俯视图中,二者呈现出明显的区别。(得到位于加拿大 Calgary 的 TGS 所属部门 ASS 的许可)

1.地震层序地层学解释的框架:层位数据体

利用层位来进行地震层序地层学解释实际上是制作出层位数据体,并将其转换到 Wheeler 域(Wheeler,1958)来进行解释。层位数据体是一系列追踪后的地震反射界面的集合,每一个界面都代表着一个相对的地质年代界限。绘制出主要的层序边界,其间可能存在的反射界面利用自动追踪得到,这样就能得到大量的地层界面。自动追踪可以是基于模型的,也可以是数据驱动的。前一种情况下,给定一个地质模型,在交互式状态下进行追踪,根据平行于顶/底界面的原则计算和插值出一系列的层位(Brouwer 等,2008)。后一种情况下,顺着反射轴的倾角进行层位的自动追踪。实际上,追踪得到的每一个地震层位都对应着一个地层界面,并被赋予了一个地质年代,地层界面实际上反映的是时间地层界面。

2.地震层序地层学解释的框架:Wheeler 域

可以将层位数据体中的地层界面展平,从而将其变换到 Wheeler 域。Wheeler 域中的时间切片就等于地震数据域中的地层切片。Wheeler 域变换是一种极其方便的显示技术(见图 8.5),据此能够更好地进行时间地层学研究。利用 Wheeler 域的时间切片可以很方便地分析沉积地层的时空展布情况。

利用 Wheeler 域显示能够快速而准确地分析盆地的地质情况,三维地震层序地层学解释技术由此成了许多公司的日常工作流程。但是,这种技术只对地质沉积相对简单的情况有效,即沉积地层没有过多地受到构造运动的扰乱。同时,地震数据质量要好,没有过多的噪声,适合进行自动追踪,因为自动追踪尽管很精确,但却未必准确。

8.1.3　海上浅层钻井风险预警

三维地震的另外一个应用是对海上的钻井风险进行预警,这里值得一提。根据地震图规划好海上的钻井位置,但是需要检查浅层是否存在危及海上钻井安全的因素。近海底如果存在松软且易于流动的地层或是高压地块,就会给钻井工程带来灾难。因此,有必要对远

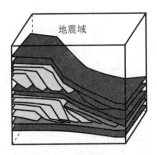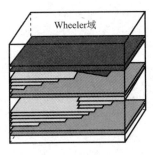

图 8.5　将地震反射层位变换到 Wheeler 域的示意图。Wheeler 域的时间切片就是地震域的地层切片。在 Wheeler 域进行显示有助于更好地解释地层的空间分布情况,以及沉积时间和沉积环境。(根据 Brouwer 等,2008,图 3)

景区的海底状况及其下部的地层情况进行评估,了解地层岩石的强度和稳定性,确保钻井和相关工程活动的安全。利用一些调查方法可以识别出这些风险区域,比如海底取样、浅土取芯和"电火花"等高分辨率声波剖面等。

对海底及下部浅层进行海上三维地震成像,一般来说可以识别和绘制出这些钻井风险区域。被埋置的河道、泥质"垃圾堆"、含气地块及气体泄漏通道都是潜在的风险区域,对钻台定位和来往的船只都构成了威胁。流动性的泥土堆和河道充填物(见图 8.6,彩图见附录)是非常不稳定的地层,升降式钻机升起时,这些地层可能会坍塌。深海区的海底常见气体泄漏口,泄漏到水层的气体会使水的浮力降低,对半潜式钻机造成危害。孤立的含气浅层或含水超压砂岩地块(见图 8.7 和图 8.8)和泥岩地块也可能造成井喷或导致钻井液涌入井内,造成钻井难题和灾害。

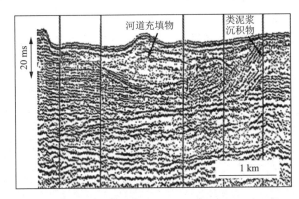

图 8.6　三维地震用于近海底钻井风险的预警。河道充填物和类泥浆沉积物是非常软的易流动物质,对升降式钻井平台的安装和稳定性来说都是一种潜在的威胁,是安全隐患。(得到印度 ONGC 的许可)

目前为止,对解释来说,高密度高分辨率三维地震数据体的最大优势就在于可以据此快速准确地分析大量的地震属性。这样可以更好地预测岩石和流体的性质,在勘探阶段可以对地质储量进行潜力评估,在开发阶段可以对油藏进行描述和表征。有一些属性会在后面的第十章(地震属性分析)中进行介绍。

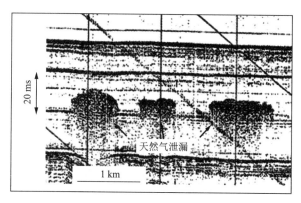

图 8.7　浅海天然气泄漏通道的地震成像。该图可用于对钻井风险进行预警。从海底冒出的天然气降低了海水的浮力,给半潜式钻井平台带来了安全隐患。(得到印度ONGC 的许可)

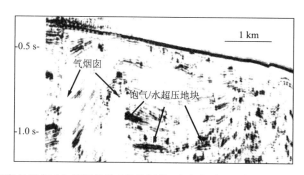

图 8.8　近海底的饱气/水超压地块(高振幅值)和气烟囱(反射空白带)的海上地震图像。这些都是潜在的钻井安全隐患。(得到印度 ONGC 的许可)

8.2　储层描述和表征

三维地震数据已经变得不可或缺了,借助三维地震数据的评估结果可以对一个油藏进行精确描述和表征,并判断后续开发计划的合理性。从地震数据中得到用于储层描述和表征的参数,这也是油藏初始静态模拟的主要输入信息,有助于后续开发方案的制定。油气储层是由以下主要参数来定义的:(1)储层几何学参数(形状、大小和厚度);(2)储层顶部的深度;(3)流体类型和接触面(气油接触面、油水接触面、油源接触面、气水接触面等);(4)岩石和流体的性质(孔隙度、渗透率和流体饱和度等);(5)储层非均质性(沉积相变化、流动障碍、断层和裂缝)。

为了区分这些参数,前三种参数统称为"储层描述"参数,后两种参数统称为"储层表征"参数。

8.2.1　储层描述

钻探发现了油气之后,接下来需要对油藏进行描述以评价远景区的生产潜力。这需要在井震匹配完成之后,对远景区新绘制一系列的构造图和沉积相图。重点是根据反射特征精确拾取储层顶部和底部的反射相位(波峰/波谷/过零处),并严格地进行连井校准,以便描绘出储层的横向边界(见图8.9)。储层描述是很关键的步骤,据此可以估算储层的体积及油气储量。需要指出的是,尽管在将测井曲线插入地震剖面之前,已经根据测井速度将测井深度转换成了地震传播时间,但是由于井中速度调查存在局限性,测井合成地震记录和实际地震剖面之间仍然可能存在相位或极性的不匹配现象。有几种方法可以验证速度函数的正确性,包括将附近所有井点处的地震速度和声波测井速度都绘制出来以进行趋势匹配。有了精确的年代地层连井剖面,就可以验证井震匹配的合理性了,这是非常重要的,有助于后续储层边界的刻画及利用地震数据来预测储层内部的变化情况。

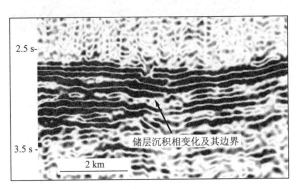

图8.9 利用分辨率更高的三维地震图像可以更精确地刻画储层沉积相及其边界。
(得到印度 ONGC 的许可)

基于高分辨率三维地震数据可以进行准确的构造解释和地层解释,这为预测储层的顶底深度和厚度及空间展布情况提供了必要的信息。地震构造图可用于估算储层岩石的体积及油气的地质储量,从中也可以识别出流体接触面及流体类型。对构造圈闭来说,如果是底水(油水界面/气油界面),通过油层顶面和油水界面间的深度差可以计算出有效储层体积[见图8.10(a)],其中需要确保油层顶面图是精确和详细的。对边水来说[见图8.10(b)],有效储层的体积计算需要以下信息,即油层顶面深度、油水界面深度和油层底面深度。与底水情况不同,计算有效储层体积时需要扣除油层底面和油水界面间的体积,因此油层顶面和底面的构造图都必须是准确和详细的。不过,当油层厚度不小于圈闭闭合高度时,就不需要油层的底面图了。如果总的油层厚度大于垂向闭合高度,这意味着具有多个油层,需要额外绘制一系列构造图来进行描述。对页岩油接触面(油源接触面/气源接触面)来说,储层下部是源岩,准确的储层体积估算是非常困难的,除非下方有一口探井能够确定出底水界面。

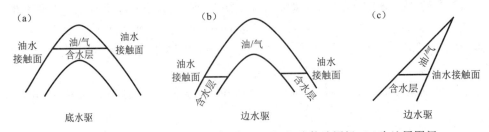

图8.10 常见的油水接触面的示意图。(a)和(b)为构造圈闭;(c)为地层圈闭。

在碎屑岩沉积环境下,常用振幅来刻画薄的砂岩油层,这时需要选用合适的切片技术。选用哪种切片技术要看手头的地质情况而定。例如,时窗振幅 RMS 方法会起到强化振幅的效果,从而会高估油气地质储量。时窗振幅 RMS 方法对单层油藏来说也许是合适的,但对多层油藏来说也许并不合适，若窗口太大且位置设定得不恰当就会出现错误。另外，水平切片或地层切片对噪声比较敏感，也是只适合单层油藏，要求反射轴相位可以被准确地识别出来，从而能够精确地进行层位追踪。

对探边井和评价井的位置选取来说，新绘制出来的更准确的构造图能够提供非常关键的指导信息。例如，对于地层倾角很大的断块油藏来说，如果饱含低黏度的液态石油，最早布置的几口生产井需要落在构造的高点，这样才可以充分利用重力驱原理，使一次采收率达到最佳。如果落在构造低点的话，可能无法采出构造顶部的油气，这被称为"顶楼油"，后续难以对此进行经济开采。不过，此时的速度估算如果不准确的话，将时间构造图转换成深度时就面临着巨大的挑战，储层顶部的深度预测会出现错误，有时会导致钻遇含水储层。

8.2.2　储层表征

储层表征是用来定量分析储层岩石和流体的性质的，包括孔隙度、渗透率、油气饱和度、储层非均质性。下面分别进行讨论。

（1）孔隙度。多孔的沉积岩具有更小的密度和体积模量，地震性质较弱，即速度和阻抗较低。对于相同的岩性，如果速度变低，那么就意味着岩石的孔隙度变大了。储层岩石地层的顶部反射振幅可能很弱，也可能很强，这取决于上覆地层岩石阻抗的大小。因此，通过分析振幅、速度和阻抗等地震属性可以对孔隙度进行量化分析。

但是，前面也强调过，需要利用测井得到的孔隙度对地震数据进行校准，只有有了合理的参照，地震预测的可靠性才会有保证，才能预测孔隙度在井间区域的变化情况。对于油田范围内孔隙度的分布情况，有时也会用协同克里金法等地质统计方法来进行预测，其中利用了测井得到的孔隙度值，并加入地质和地震数据的约束。更为常用的方法是，如果地震数据的质量较好，那么就可以利用地震反演来估算孔隙度在井间及更远范围的分布情况。地震反演是一项精巧的处理技术，将地震反射振幅转换成储层岩石和流体的性质。我们将在后面的第十一章讨论地震反演。

（2）渗透率。渗透率是含孔隙岩石的一种特性，描述了流体通过连通孔隙的难易程度。渗透率依赖于有效孔隙度（彼此连通的孔隙），但是二者的意义并不相同。渗透率受孔隙网络三维几何形状的控制。从测井和实验室岩芯测量可以得到渗透率的值。渗透率是储层表征中最为重要的参数，但可惜的是，并不能将渗透率与地震性质直接挂钩。也许可以将地震响应与孔隙度建立起联系，但它与有效孔隙度和渗透率的关系就不那么明确了。

（3）油气饱和度。油气饱和度也会影响地震响应，这取决于流体的性质及其在孔隙空间内的体积占比（更多的讨论参见第一章）。一般来说，饱含某种流体的沉积岩石的纵波速度会变高，但是横波速度会降低。从三维地震数据中通常很难提取出渗透率和饱和度的信息，但是如果解释人员的经验丰富，综合分析地震、地质和测井数据的话，或许可以对此进行量化评估（更多的讨论参见第九章和第十一章）。

储层的空间展布、油层的厚度、孔隙度和饱和度等参数为估算油气地质储量提供了必要的信息，也是后续进行初始油藏模拟（静态）的输入参数。不过，在油藏模拟时为了研究流体流动模式还需要其他的参数，如流体的黏度、渗透率、气泡点、毛细压力以及孔隙压力，这些一般来自于测井分析和工程及生产数据。

（4）储层非均质性。储层的非均质性可归结于沉积相变化、裂缝和断层的存在，这会导致各向异性并造成生产中流体流动的复杂性。可通过研究地震反射特征的不连续性来分析井间区域的沉积相变化。波形道显示模式非常适合研究基于振幅和波形的反射特征（见图8.11，彩图见附录）。局部存在的高渗透性通道、垂向和横向不渗透性障碍体是形成流动单元的原因，会将油藏划分成不同的块体，每个块体内的流动特性可能都是不同的。根据非均质性的程度，一个油藏可能会被划分出好多个流动单元，这些流动单元之间也许是不连通的，也许是连通的。对流体流动来说，储层连续性和储层连通性是两个不同的概念，如果在最初的油藏模拟中没有将这种区别考虑进来的话，在采油过程中就会形成不可预料的流体流动模式异常。

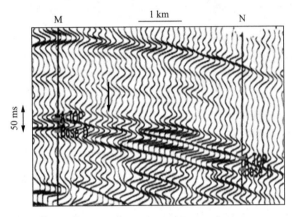

图 8.11　展示储层非均质性的地震剖面。注意在 M 井和 N 井之间，反射波形和振幅的变化（箭头所指），表明地震相存在变化，储层也相应地发生了变化。从测井识别出的储层顶面和底面被标记在地震剖面中。（得到印度 ONGC 的许可）

基于三维数据体的地震相分析和多属性分析，结合构造分析结果，有助于确定造成储层非均质性和流体流动区隔化的关键因素，接下来就可以模拟油藏内的非均质性和各向异性了。

最初，三维地震技术的成本很高，在储层描述和油藏开发中的应用受到了限制。但是随着成本效益的增长，在勘探的初始阶段也可以应用三维地震调查技术了，针对隐蔽地层油藏勘探来说情况尤其如此。

8.3　四维地震（开发地震）

四维地震也被称为时移三维地震，即油田经过一段时期的开采之后，重新做一遍三维地震以观察两次或多次地震响应之间的差异，对油藏监测来说这是一种有用的工具。油田在开采过程中，由于油气被采出，储层初始的流体饱和度和孔隙压力就会下降。这会带来岩石和流体性质的变化，也许会显现在地震响应的变化上。简单地说，在采油前进行一次地震调查（基准调查），在开发一段时期之后再进行一次地震调查（监测调查），巧妙地利用这两次三维地震属性之间的差异来解释一些关键的岩石和流体参数，以便对油藏进行优化管理。

对于这两次地震响应之间的差异，可以认为是岩石和流体参数的变化直接导致的，因此这两次地震采集和处理的参数需要确保一致才行，后续进行的地震调查应该与前期的基准调查保持高度一致。不过，实际中通常很难达到这一要求，原因是多方面的，也包括后勤保障方面的限制,所以需要特别的软件来将这两次地震数据体的振幅、频率、相位以及面元位置提交到同一个平台来进行比较。四维地震的解释和评估大多依赖于与振幅有关的属性,例如从地震弹性反演得到的纵波阻抗、横波阻抗和纵横波速度比等参数。通常需要计算能力强大而高效的图像显示软件来展示两次地震性质之间的细微差异,以分析油气开采过程中油藏参数和流体流动的变化情况。这也是为什么四维地震被称为开发地震的原因。

8.3.1 油藏地震监测(SRM)

油藏静态表征能够提供油藏模拟所需的各项参数在空间范围内的分布情况;油藏动态表征可以模拟流体在油藏内的流动变化情况,据此来优化开采方案,以便更好地规划注水井和采油井的布置和实施方案。对一个正在开采中的油田来说,进行油藏监测主要是为了了解流体在一段时期内的流动模式,以对现有的油田开发方案的实施效果进行评估。如果发现实际情况与设计目标不符,就需要对开发方案进行中途调整优化,即调整和更改油藏静态模拟和动态模拟中的参数,有时还需要合理调整接下来的钻井方案。

如果要对岩石和流体参数做出调整,一般需要新的信息,比如通过钻新井获取新的数据,或者对现有的井资料和生产数据进行重新解释。但是,井之间或离开井的位置油藏参数仍然是不确定的。经过井数据、岩芯分析数据和工程数据校准的四维地震属性可以解决这个问题,能够提供井间的油藏参数。不过,从地震数据得到的信息需要得到油藏模拟的验证,需要与其他信息保持一致,包括地质信息、测井信息和工程信息。因为时移三维地震(四维地震)可以作为油藏监测的工具,所以常常也被称为油藏地震监测(SRM),这实际上是一个高度进化和复杂的反演模拟问题。但是,根据油藏类型和采驱方法的不同,油藏地震监测有时非常复杂而难以对其进行解释和评估,我们将在本章最后一节介绍其局限性。

在对四维地震数据进行分析以应用于油藏监测时,利用振幅属性或许是最简单直接的方式。在地质条件许可的情况下,利用振幅可以识别出存在流体异常流动的区域,这带来了强大的分析效果,据此可以提供关键的信息,以提高油藏管理的效率,通常可以提供的信息包括:证实采驱方法的合理性及现场效果;监测接踵而来的水锥、气锥或气相形成现象;识别死油区(未被排驱出来的油)、渗透性障碍体和高渗透性通道;进行动态油藏表征(孔隙度、含水饱和度和相对渗透率);监测提高油气采收率(EOR)措施的驱油效率(波及系数)。下面分别进行简要介绍。

一次油气采收率利用了油藏的天然压力,在生产中流体的压力会降低,这取决于油藏类型、流体类型以及油藏内机械势能的大小(排驱能力)。排驱机理列举如下:(1)气顶驱。利用油藏顶部存在的游离态压缩气体的能量进行排驱。(2)水驱。利用油藏周围含水层中的水力势能进行排驱。(3)溶解气驱(减液)。利用油藏中溶解气的释放能量进行排驱。(4)重力排驱。利用油藏内石油的重力势能进行排驱。(5)气膨胀驱。利用气藏内压缩天然气的能量进行排驱。(6)压实驱。利用油藏内岩石的压实作用所产生的能量进行排驱。

水驱油藏非常普遍,分为底水驱和边水驱(见图 8.10),需要多介绍一下,因为这两种排驱方式的几何模型不同,需要相应地制定不一样的完井方案。对底水驱来说,含水层处于油层的正下方,水从下方垂直向上进入油层。对边水驱来说,含水层处于油层的一侧或两侧,水顺着储层斜向上流动,侧翼的井比顶部的井更早地采到水。不过,对地层圈闭来说,主要是从单独某一侧进行的边水驱。

前五种排驱机理大家都比较熟悉,这里需要提一下压实驱。压实驱是采油过程中由地质力学效应而引起的排驱能力。经过一段时间的采油之后,如果没有外部能量注入,油藏压力会持续降低,地层岩石受到的有效应力会上升,从而导致储层的形变,对碎屑岩储层来说,就会造成岩石的进一步压缩,从而触发采驱能量。对于储层岩石较软的情况,压缩作用相当可观,孔隙度会明显降低。

8.3.2 证实采驱方法的合理性及现场效果

为了优化采收率,需要基于地质、岩石物理和油藏工程数据,通过模拟分析制定出一个合理的采驱机制。利用地震信息可以更好地了解动态采驱机制方面的工作,也可以测试几种不同的采驱机制,模拟分析各种情况下的效果。经测井和采油工程数据校准后,利用四维振幅信息可以识别和绘制流体接触面的变化情况,分析与最初井中观测到的有何不同。利用这些图件可以重新评估油气的体积,例如一个油藏中上部天然气的含量和下部底水的含量。重新估算流体的体积有助于预测或验证一次采油阶段气顶驱或水驱后续的潜力。

8.3.3 监测接踵而来的水锥、气锥或气相形成现象

将四维地震的振幅与基准三维地震的振幅进行比较,就可以了解采驱机制作用下流体流动的情况,这可以作为现场效果的评价依据,以确定是否需要即时调整开发方案。如果油田内的油气能够在地震上显现为高振幅异常,在某种类型的采驱作业驱使下,振幅的高低变化以及异常体积的大小变化就表明了流体的流动情况(Staples 等,2006;Bousaka 和 O'Donovan,2000;Xu 等,1997;He 等,1997)。利用四维振幅的变化可以得到非常关键的线索,据此可以即时采取合理的措施来提高油藏管理的水平。针对不同的采驱机制,下面讨论这些采驱机制的实施效果。

(1)气顶驱。在后续的地震监测中,若高振幅异常的体积变大,可能是气顶的体积扩大了,油藏内的气顶驱正在发挥作用。

(2)水驱。在后续的地震监测中,若高振幅异常的体积缩小了,表明由于水侵,液态石油被采出,天然气也会析出,表明水驱正在发挥作用。

(3)溶解气驱。在后续的监测地震中,若振幅值变大,表明在溶解气驱过程中,天然气从石油中析出,储层中含有了气态天然气。

(4)气膨胀驱。在后续的地震监测中持续存在高振幅异常,与前期的基准调查没有差别,这意味着在气膨胀驱的作用下气藏中气体的压力降低,采驱机制正在发挥作用。

对于浅层的气藏来说,如果是水驱,在四维地震中的响应是最佳的,在这种情况下,油藏地震监测极其有效。不过,也有报道指出,油藏在开采过程中出现振幅变化的原因并不是非常明确的,也许不能仅仅归结为是由采驱机制直接导致的。振幅变化与储层性质(岩石结构)、流体类型及其饱和度、流体接触面(油水界面上下方的密度存在差异)以及正在执行的采驱机制都有关系。举例来说,由于采出油而使得振幅变暗,在另外一种地质和工程环境下振幅可能反而会变亮(Anderson 等,1997)。对于水注入油藏中的情况,在四维地震下或许会发现振幅变暗了,这或者是因为油水界面出现了上移。通过地震振幅的变化可以了解和辨别局部存在的气锥和水锥效应。在采油井的周围,由于油被采出,水就会上移,从而形成局部的水锥现象,这与油田范围内油水界面的移动或二次采油过程中的水淹现象是不同的。

8.3.4　识别死油区、渗透性障碍体和高渗透性通道

对于一个正在生产中的油田,如果观测到一个区域的振幅没有发生变化,这可能意味着那个区域的油气几乎或者是完全没有被采出。这是采驱机制未波及到的区域(或称死油区),这是有待产出的潜力区域,或许需要钻加密井。页岩和断层等渗透性障碍可以导致这种死油区。结合地质和油藏生产数据,利用四维地震可以对死油区进行辨识。结合其他学科的数据,对地震振幅和其他地震属性进行综合分析,也能够识别出高渗透性通道,这有助于解决一些令人烦恼的难题,如过早地形成水侵或气侵以及水锥或气锥,这都会妨碍正常的生产。

8.3.5　进行动态油藏表征(孔隙度、含水饱和度和相对渗透率)

地震阻抗与油藏的岩性、孔隙度和流体饱和度都有关系。经过一段时期的采油之后,油藏中的油气饱和度就会下降,孔隙压力也会下降,岩石受到的有效压力就会升高,储层岩石会被进一步压实。对未固结砂岩来说,压实会导致孔隙度降低,地震阻抗就会产生变化。理想情况下,可以将三维和四维地震中阻抗出现的变化与流体饱和度挂钩,当然前提是其他参数保持不变,如岩性和孔隙度。但是,实际情况是,在动态油藏表征时,需要更新油藏模拟,这就需要重新估算初始设定的静态参数,如饱和度、孔隙度和渗透率等。控制流体模拟最重要的参数是相对渗透率及其空间变化情况,不过从地震数据中是很难对此进行预测的。相对渗透率是特定流体在特定饱和度下的有效渗透率与完全饱和状态下的绝对渗透率的比值。很明显,在采油过程中,随着油气饱和度的下降,相对渗透率也会发生变化,在油藏动态表征中需要对这些关键参数的意义引起重视。了解油藏内流体的流动模式,并掌握相关的岩石和流体性质参数和其他工程和生产数据,对一个富有经验和技巧的地震分析人员来说是非常有必要的,据此可以对四维地震油藏监测的结果进行评估。

前面已经提到过,油田生产会导致油气饱和度和孔隙压力的降低(岩石受到的有效压力增加),水因此进入储层。有效压力的增加和水侵这两个因素综合起来会明显增强岩石的弹性及其地震阻抗。与基准调查相比,开采之后进行的后续地震调查一般都会如期地监测到储层阻抗的升高。另一方面,如果一个区域地层的阻抗没有出现变化,就表示这一区域仍然保持原状,也就是说,没有出现孔隙压力和油气饱和度的下降,因此这一区块可以被识别为未被开采区或死油区。利用地震波形反演技术从四维地震中提取出阻抗,就可以给出储层连续性和流体流动的信息。借助纵、横波速度分析和纵、横波阻抗反演等技术,油藏地震监测的目标是给出量化解决方案(参见第九章和第十一章)。对于叠置的薄油层或是数据质量较差的情况,确定性分析方法也许就不适用了,可以使用协同克里金法等地质统计学方法,将测井参数外推来预测地层参数的空间展布情况。

8.3.6　监测提高油气采收率(EOR)措施的驱油效率

二次采油时会向储层输入能量。注水、注气和蒸汽驱等常用的人工采驱技术是为了提高油藏的孔隙压力。这些驱油措施在提高油气采收率方面的有效性取决于油气是否沿着设计好的通道进行运移。如果效果不理想,就要对驱油效果进行评估以找出问题并加以纠正。在某些情况下,需要追踪注水前沿,利用四维地震分析可提供一些必要信息。在浅层,对沉积年代较轻的未固结砂岩储层来说,使用水驱或气驱时,地震振幅的变化最为明显,四维地

震监测因而也最有效。为了提高油气采收率而进行的原址燃烧方法能够提高储层的温度，从而能够使地震性质明显降低，对软的砂岩储层来说尤其如此，这时候四维地震监测就会有效。也有报道指出，四维地震用来监测碳酸岩储层内的蒸汽驱前沿也是成功的（Xu 等，1997）。岩石孔隙内的重油有半固态的性质，这也是有利的监测目标，因为这种情况下的时移地震差异会比较明显（Wang，2001）。此时监测原址燃烧的热采前沿确实是非常有效的。

8.4 勘探开发中三维地震和四维地震的作用

三维和四维地震技术被证明具有很高的成本效益，在地震勘探和开发领域得到了广泛而深入的应用。其用途总结如下：（1）可以刻画隐蔽地层油藏；（2）可以精确预测油藏参数，以估算油气储量，并用于油田开发阶段的开发方案规划；（3）减小勘探开发的不确定性，避免钻多余井和干井；（4）用于监测油气流动情况，以优化油藏管理；（5）识别出死油区，从而可以提高产量；（6）能够提供油藏各向异性信息，包括高渗透性通道和渗透性障碍体以及断层和裂缝区，从而有助于优化油藏表征；（7）可以对采油井、加密井和注驱井的井点位置进行优化设计。

8.5 四维地震的局限性

四维地震技术仅适用于特定类型的油藏，并非所有的油藏类型都适用。其在油藏监测方面的效果很大程度上要归结于油藏类型和采驱机制。例如，用地震振幅来监测流体流动的话，DHI 是一个先决条件，如果一个储层在地震上并没有 DHI 显现，那么地震监测就无从下手。地震响应中 DHI 最为明显的情况就是浅层、岩石较软、未固结、厚的含油气砂岩地层（第六章）。这种油藏在一次采油或水驱情况下，由于油气流动而产生岩石和流体性质的变化（地质力学），就会在四维地震监测中出现可以被觉察到的地震响应特征的变化。

四维地震的另外一个问题就是要求后续的地震调查和前期的基准地震调查之间具有完全相同的采集和处理参数。由于技术、后勤和环境因素的制约，通常这两次地震调查的采集和处理参数不可能完全一致。尤其是对海上四维地震来说，两次的海况不可能相同，因此两次三维地震采集时地下反射点不可能是相同的。这可能会给地震质量和分析带来严重的影响，因为需要确保记录到的地震差异只能是由油藏参数的动态变化而引起的。因此需要将两组数据体严格调整到同一个平台下，有时虽然发现了较为微弱的地震响应变化，但是仍然很难将其与岩石和流体的性质变化直接对应起来，由此来判断油藏内的温度和压力是否出现了变化。

对于一个正在生产中的油藏来说，多个岩石和流体性质参数都会发生变化，如弹性、密度、孔隙度、渗透率、孔隙压力和温度等。每一个参数的变化都会引起地震响应的变化，它们之间也许并不会彼此强化而得到一个可以被觉察到的地震属性变化。加上对岩石物理及其地震响应和成像方面同时也存在理解上的限制，地震分析人员就会面临巨大的挑战，尤其是对陆上勘探开发来说，地质情况又是特别复杂的。

参考文献

1　ANDERSON N R,BOULANGER A,HE W,et al,1997. What is 4-D and how does it improve recovery efficiency?. World Oil,218(3):9-13.

2　BOUSAKA J,O'DONOVAN A,2000. Exposing the 4D seismic time-lapse signal imbedded in the Foinaven active reservoir management project. Offshore Technology Conference:12097.

3　BROUWER F,CONNOLLY D,BRUIN G D,et al,2008. Transformation and interpretation of seismic data in the wheeler domain:principles and case study examples. Search and Discovery Article ♯40314.

4　HE W,ANDERSON R N,BOULANGER A,et al,1997. Inversion of 4-D seismic changes to find bypassed pay. World Oil,218(7):29-32.

5　KOLLA V,BOURGES P,URRUTY J M,et al,2001. Evolution of deep-water Tertiary sinuous channels offshore Angola (West Africa) and implications for reservoir architecture. AAPG Bulletin,85(8):1373-1404.

6　STAPLES R,STAMMEIJER J,JONES S,et al,2006. Time-lapse seismic monitoring expanding applications:CSPG-CSEG-CWLS Convention. Calgary,Canada:181-189.

7　WANG Z J,2001. Y2K tutorial fundamentals of seismic rock physics. Geophysics,66(2):398-412.

8　WHEELER H E,1958. Time-stratigraphy. AAPG Bulletin,42(5):1047-1063.

9　XU L,ANDERSON R N,BOULANGER A,et al,1997. 4-D reservoir monitoring,the business driver. World Oil,218(6):23-28.

10　ZENG H L,2006. Seismic imaging? Try stratal slicing. AAPG Explorer,27(6):28.

第九章 横波地震以及 AVO 和 v_P/v_S 分析

横波（S 波）的性质及其传播规律较为复杂，利用横波震源进行地震采集的成本过高，实际中难以实施。因而陆上横波调查非常少见，不过有时会在海上进行多分量地震调查（3C 和 4C），使用纵波（P 波）震源和海底电缆（OBC），通过海底的水平检波器来记录转换横波（P-S）信号。

在常规的陆上和海上 P 波调查中也会出现模式转换横波（P-SV），会与反射 P 波一起被记录下来。这为联合分析 P 波数据和 S 波数据提供了便利和可能性。通过联合分析可以更准确地预测岩石和流体的性质，尤其是通过 AVO 和 v_P/v_S 技术可以进一步核实 DHI 的真实性。本章会通过实例和图示来介绍不同类型的 AVO 属性及 AVO 分析技术的局限性。

v_P/v_S（或称泊松比）是一个重要的油气识别因子，本章会对此进行讨论。另外，也会介绍横波"双折射"所具有的独特性质及其在各向异性和裂缝识别中的应用。

反射 P 波技术是整个石油勘探工业的支柱，现在依然如此，因为人们已经非常熟悉 P 波的物理机理了，与 S 波相比，P 波勘探的实施过程也较为简捷。P 波速度较高，比 S 波早到达检波器，更为重要的是，P 波剖面的信噪比更高。此外，无论是陆上还是海上，产生 P 波和记录 P 波都非常方便，处理起来要求也不苛刻。

与 P 波不同，S 波的传播规律更复杂。对水平各向同性叠置的地层来说，根据 S 波所引起的质点的振动位移方向可以分成 SV 波和 SH 波。SV 波中质点的运动方向处在入射垂向剖面内，SH 波中质点的运动方向位于水平面内。两种 S 波的质点运动方向都与波传播的方向垂直。这与 P 波是截然不同的，在各向同性介质内，P 波所引起的质点的运动方向是垂直于波前面的，即与波传播的方向是一致的。

记录 S 波需要相应的水平方向的震源和水平方向的检波器，这与 P 波勘探中的垂向检波器是不同的。陆上的 S 波反射调查（S 波激发 S 波接收，S-S）成本相对较高，在海上则完全不适用了，因为没有合适的海上 S 波震源。与 P 波调查相比，S 波数据的处理和解释更为复杂。不过，如果有 S 波数据的话，可以更准确地评估地震数据，这是极其有用的。

9.1 横波的基本性质

对各向同性介质来说，公式 $v = \sqrt{E/\rho}$ 将速度 v 与岩石的弹性模量 E 和密度 ρ 建立起了直接的关系。对 P 波来说，

$$v_P = \sqrt{\frac{k+4\mu/3}{\rho}} \qquad\qquad (9.1)$$

对 S 波来说，

$$v_S = \sqrt{\mu/\rho} \qquad\qquad (9.2)$$

式中　ρ——岩石的密度；

　　　k——岩石的体积模量；

　　　μ——岩石的剪切模量。

从上面的公式可知，P 波速度与体积模量、剪切模量和密度有关，但是 S 波的速度只与剪切模量和密度有关。凭经验可知，S 波的速度要低很多，一般为 P 波速度的一半。

9.1.1　极化和极化向量

极化指波经过时质点的运动方向。在各向同性介质中，S 波的极化方向处在与传播方向垂直的平面内，这与 P 波是不同的，P 波的极化方向与传播方向是平行的。

波是由一个向量来表示的，具有大小和方向。极化向量是所研究的平面波的波向量。对 P 波来说，极化向量一般与相速度是不一致的，而相速度是与波前面垂直的。还需要指出，与波传播的方向(能量流的方向)一般也是不一致的，这是用群速度来定义的。只有在无衰减的均匀各向同性介质中，P 波向量才会与波传播方向相同。对含裂缝地层等各向异性介质来说，P 波的极化向量与相速度方向和群速度方向一般是不一致的。

S 波有一个重要特性，即不能够在液态介质中传播，因为液体的剪切模量几乎为零。因此，岩石内所含的流体几乎不对 S 波的速度造成影响，但是会对 P 波速度造成明显的影响。不过，饱含流体岩石的 S 波速度也可能会发生细微的变化，因为流体的存在会改变岩石的体积密度。S 波的另外一个特性是传播进入各向异性介质(例如含裂缝地层或某种类型的页岩地层)后，S 波会分裂成两个互相正交的极化波。这两个分裂开的 S 波的速度是不一样的，这种现象被称为 S 波分裂或双折射。后面我们会介绍双折射现象及其在地震数据评估中的应用价值。

9.2　横波记录

在陆上，是通过水平方向振动的可控震源来产生 S 波的。也可以由垂向运动的可控震源来激发 S 波，但是记录时需要在远偏移距的情况下才行。对于横向各向同性的层状地层来说，激发出 SH 波还是 SV 波，取决于震源水平激发方向与测线的相对方向。如果震源激发方向垂直于测线方向，就会激发并记录下 SH 波，此时质点运动方向处在 XY 平面内(见图 9.1)。如果震源激发方向与测线方向平行，就是 SV 波，质点运动方向处在 XZ 平面内。对一个斜向下传播的 S 波来说，SH 波和 SV 波的质点运动方向都是与 P 波向量垂直的，SH 波的质点运动方向在水平面内，而 SV 波的质点运动方向则在垂直剖面内。SV 波传播到界面时，也会产生 P 波，这与 P 波传播到界面时会产生 SV 波类似，这会干扰 P 波反射记录。SH 波的极化方向与地层是平行的，记录起来较为简捷。

在陆上部署可控震源时，尤其是在起伏地表条件下，后勤保障和成本支出都是问题。另外，在 S 波勘探中需要用到水平检波器来记录 S 波信号，这与 P 波勘探中的垂向检波器设备是不同的。因此，为了同时记录 P-P 反射和 S-S 反射数据，需要两套记录设备，耗时且成本

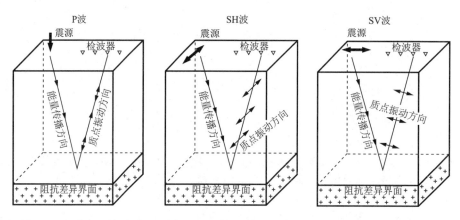

图 9.1　P 波和 S 波(包括 SH 波和 SV 波)的质点运动方向的示意图。S 波震源的振动方向和检波线都处于地平面内,而 P 波震源的振动方向和检波线是处于垂直平面内的。由侧翼运动检波器记录 SH 波,由 SV 波检波器记录炮检连线方向的振动。(根据 Ensley,1984)

支出大。还有,S 波数据的处理也是很麻烦的,其信噪比更低,静校正时受近地表低速带影响较大,并且遇到各向异性介质时会出现横波分裂现象。还需要提及,P 波的速度比 S 波快很多(即 P 波反射轴的到达时间比 S 波早),波形特征也是差异巨大,很难将来自地下同一个反射界面的 P-P 反射轴和 S-S 反射轴进行识别和相关,无论是基于时间的匹配还是基于反射特征的匹配都是一个难题(见图 9.2)。如果不能将二者匹配起来,就无法进行基于振幅和速度的 P 波和 S 波的联合分析,联合解释也就没有了意义。由于数据采集、处理和解释过程中的各种限制性因素,在实际中 S 波调查并不常见。

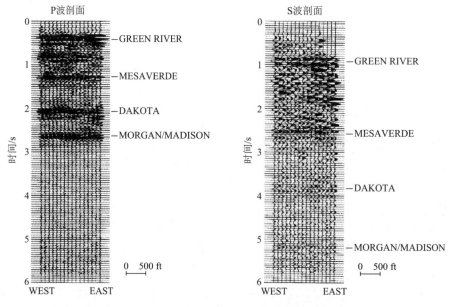

图 9.2　S 波剖面的信噪比和反射轴的连续性都比 P 波剖面差。注意,对同一个地质层位,S 波的传播时间要比 P 波长,并且相对延迟时间也是非线性的。P 波图像和 S 波图像在反射特征和传播时间上都是不一样的,二者之间反射轴的匹配比较困难,这为联合分析带来了障碍。(改编自 Robertson 和 Pritchett,1985)

9.3 转换横波

前面提到过,当一个 P 波斜入射到一个反射界面时,除了产生一个反射 P 波和一个透射 P 波之外,还会产生一个反射 S 波和一个透射 S 波。这种 S 波被称为转换 S 波。在地面可以用水平检波器(P-SV)或垂向检波器(P-SV-P)来记录反射 S 波,SV 波遇到界面时还会转换回 P 波。对于垂直入射到各向同性介质界面的 P 波而言,就不会有转换 S 波产生。只有倾斜入射的 P 波遇到界面时才会产生模式转换波,产生的 SV 波遇到岩层界面时又会转换回 P 波,从而会被记录在反射 P 波数据中。转换波的强弱与入射角和界面两侧的速度差异(一般具体指 v_P/v_S 或泊松比)有关,也与各向异性系数有关,即造成双折射的因素。反射和透射 P 波和 S 波的能量分配比例与入射角有关。对小角度的入射 P 波来说,大部分能量都集中在反射 P 波和透射 P 波,随着入射角的增大,模式转换波的能量逐渐增强。其振幅由转换系数决定,这并不是一个随入射角呈单调变化的函数。入射角较大时,转换波的能量下降,接近 90°时可忽略不计。

在陆上,尤其是在地质年代较古老的沉积盆地内,地层岩石现今的波速较高,模式转换就比较强烈。另外,模式转换点与 P 波反射点不在一处,入射 P 波和反射 S 波构成的几何图形不是对称的,这会造成许多问题(见图 9.3)。结合之前提到的各种制约因素,这种非对称性使得转换波的数据处理异常复杂。高阻抗差界面,比如沉积地层内存在侵入岩体的情况,会造成很强的转换波,从而干扰正常的反射 P 波,会给常规的 P 波处理带来麻烦。转换波数据的处理是一个单独的流程,与P-P 处理方法是不同的。

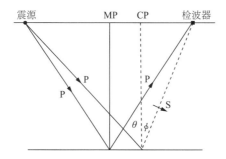

图 9.3 陆上采集转换波(P-S)的几何示意图。注意 S 波的射线路径是非对称的,与传统 P-P 反射波数据处理相比,需要分离出 P-S 波数据并增加额外的处理工作。(根据 Stewart 等,1999)

幸运的是,在陆上和海上的 P 波地震调查中也会产生和记录下 S 波的信号。PS波确实是 P 波地震调查中一个非常受欢迎的衍生品,只是需要用水平检波器来记录 S 波的信号并进行特殊的数据处理。在一般的海上地震调查中,第一次产生的模式转换 S 波发生在 P 波入射到海底时,因为海底是第一个速度差异界面。转换 S 波向下传播,遇到反射界面被反射回来,在向上传播的过程中,又会转换成 P 波而被常规的漂缆检波器记录下来(P-S-P)(见图 9.4)。海底两侧的介质具有较大的速度差异,模式转换因而也可能是最为强烈的。某些地区的海底(例如深海海底)是松软的,这种情况下模式转换就不那么明显了。

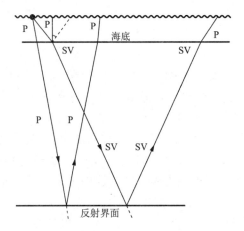

图 9.4　海上采集转换波(P-S-P)的几何示意图。在海底,P 波转换成 S 波,S 波向下传播,被反射界面反射回来,在海底又转换回 P 波并被漂缆检波器记录下来。(根据 Tatham 和 Stoffa,1976)

　　在 P 波地震数据中也含有 S 波的信号,这是一个副产品,不需要额外的成本和采集处理工作(如果不打算单独处理转换波的话),勘探人员因而非常喜欢进行 P 波和 S 波的联合属性分析。

9.4　多分量地震调查(3C 和 4C)

　　在陆上多分量地震调查中会记录 P 波和 S 波的信号,这是通过布置 P 波震源和 S 波震源并利用三个正交方向的检波器来实现的,水平方向记录两个分量的信号,垂直方向记录一个分量的信号,即 3C 调查。在海上多分量地震调查中,利用常规的气枪作为 P 波震源,记录反射 P 波和模式转换 S 波的信号(P,P-SH 和 P-SV),此时需要在海底埋置三分量检波器。额外还需要一个漂缆检波器来记录常规的 P 波反射信号,这是第四个分量,这种调查被称为 4C 采集调查。可以通过 Z 分量检波器和水听器来记录 P 波信号,由水平方向的 X 和 Y 分量来记录 S 波信号。因为检波器和连接电缆是放置在海底的,这种记录也被称为海底电缆采集(OBC)。不过,多分量 P-S 采集的成本相对较高,海上情况尤其如此。其他的限制因素还包括非对称性面元问题、S 波静校正问题、遇到方位各向异性时 S 波会出现分裂等问题,这些都使数据处理变得复杂,是常规数据处理中心无法应付的。

9.5　横波研究的价值

　　单独依靠反射 P 波数据或许并不能够准确地预测地层岩石和流体的性质,因为不同的岩石可能会产生相似的 P 波响应。既然 S 波的传播规律和地震响应特征与 P 波不同,那么利用 S 波信息就可以辅助评估和验证基于 P 波数据的解释了。例如,如果存在近地表气烟囱和模糊区,那么它下部的 P 波成像就会受到影响,但是 S 波由于对流体不敏感,或许能够对下部的储层进行清晰成像。类似地,如果浅层存在各向异性地层,如厚的层状页岩地层(垂直横向各向同性)和裂缝性地层(水平横向各向同性),其下部储层的 P 波成像就会遭到恶化,但是 S 波成像或许不受影响,可以利用 S 波对储层进行清晰的刻画。如果界面两侧的

P波阻抗差异较小,P波反射信号就比较弱,但是S波阻抗差也许足够大,S波成像因而更为清晰(见图9.5,彩图见附录)。对储层性质进行分析主要是依赖地震波的三个基本性质,即振幅、速度和阻抗差。原则上,如果同时拥有P波数据和S波数据,应该进行联合分析以预测储层岩石和流体的性质。S波对很多地质问题都大有益处,虽然如此,这里只介绍几个常见的应用实例。

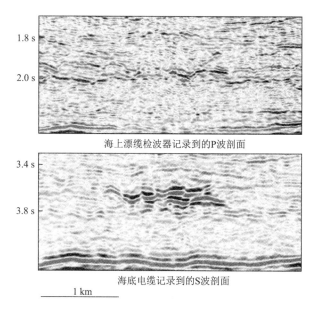

图9.5 海上漂缆检波器记录到的P波剖面与海底电缆记录到的S波剖面的对比。与P波剖面相比,S波剖面有其独到之处。在S波剖面的中部和底部,地质体的反射特征成像清晰,而常规P波剖面则无能为力。(根据Stewart等,1999)

9.5.1 验证亮点(P波振幅异常)

地震剖面中的亮点是与含油气储层有关的振幅异常,一般是针对饱气砂岩地层的,亮点被认为是油气直接指示因子(见第六章)。不过,经钻探证实许多亮点与油气并没有关系,因此在钻前需要对亮点进行核实验证,以避免钻遇空井。可以通过联合分析P波数据和S波数据进行验证。早期,在常规P波地震数据中,远偏移距地震道中含有S波的信号,可以对此进行拾取并单独进行处理以得到额外的S波叠加剖面(Tatham和Stoffa,1976)。利用采集到的叠前P波数据,处理得到P波和S波的叠后剖面,就可以对振幅异常反射轴的振幅和速度进行比较分析和核实。如果只在P波叠后剖面中观察到亮点而在S波叠后剖面中并没有亮点现象,那么就更有理由相信振幅异常与油气有关(见图9.6,彩图见附录),因为如果两幅剖面中同时存在亮点的话,这可能反而是由岩性变化引起的,而不是油气。类似地,P波叠后剖面中存在的暗点异常,如果在S波叠后剖面中没有这一现象,那么可能意味着碳酸盐储层中含有天然气。同样地,也可以联合分析P波和S波的速度以预测油气存在的可能性,后面会对此进行讨论。但是,从常规的P波数据中提取S波数据并构建S波叠后剖面并非易事,对常规处理中心来说,这是一项很棘手的任务,同时也要看数据质量的优劣和采集布局是否许可。另外一种更为便捷的方法是利用P波叠前数据做振幅随偏移距变化(AVO)的分析,以此来得到并利用P波振幅和S波振幅的信息,这也是目前工业界广泛使用的技术。

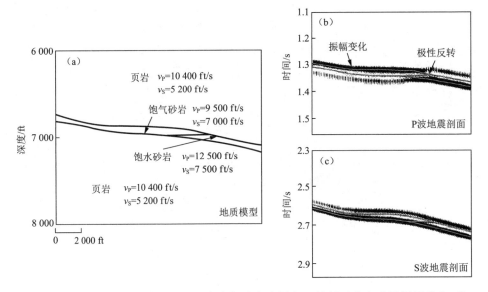

图 9.6　P 波和 S 波的正演模拟。一个含气砂岩地层在 P 波剖面中出现了振幅亮点,利
用 S 波振幅可进行佐证。(a) 地质模型;(b) P 波地震剖面;(c) S 波地震剖面。注意,在
P 波地震剖面中,含气砂岩地层出现了高振幅和极性反转,在 S 波地震剖面中则没有出现
这种现象,因为 S 波对流体不敏感。(改编自 Ensley,1984)

9.5.2　用于预测砂岩含油气性的 AVO 分析和远近偏移距叠加振幅分析

尽管 AVO 主要是研究 P 波振幅随偏移距的变化,将这部分内容归纳在本章介绍 S 波
时进行讨论是因为 AVO 现象隐含了 S 波的振幅及速度信息。对于叠前 P 波数据来说,在
小入射角(近偏移距)时,P 波响应是由界面两侧的 P 波阻抗差来决定的,但是在大入射角
(远偏移距)时,振幅是由泊松比 σ 来控制的。在本章后面我们将介绍与泊松比(或 v_P/v_S)有
关的内容。对倾斜入射到界面上的 P 波来说,随着入射角的变化,P 波反射振幅会发生变
化,这是因为一部分 P 波能量转换成了 S 波能量,在远偏移距时,这种能量转换非常强烈。
随偏移距(或入射角)的增加 P 波振幅发生变化是因为产生了 S 波,这是由界面两侧地层的
物性参数的差异所决定的,包括 P 波速度 v_P、S 波速度 v_S 和密度 ρ。具体的数学关系是用
Zoeppritz 方程来表达的,将 P 波反射系数随入射角 θ 的变化与纵、横波速度比 v_P/v_S 建立起
了联系。纵、横波速度比 v_P/v_S 被认为是一个决定 P 波振幅随入射角(偏移距)变化的特征
参数,可以据此预测油气是否存在。

AVO 分析对碎屑岩最为有效,适用于饱含油气的砂岩储层,尤其是饱气的情况,因为此
时的振幅异常最为突出。在做地质正演模拟时,常常会定义一系列的地层参数,如饱气砂岩
储层以及上覆页岩或其他致密盖层的 v_P、v_S 和 ρ。根据界面两侧这三个参数的差异,可以将
饱气砂岩储层顶面反射的 AVO 异常分成四类,图 9.7 给出了这四类 AVO 振幅随偏移距变
化的示意图。对不同类型的 AVO,图中也给出了变化曲线的截距和斜率,在后面我们会对
这种属性进行介绍。下面分别介绍这四类 AVO 的特征,虽然是以饱气砂岩储层为例的,但
是对饱油储层同样适用,只是其特征可能要弱一些。

Ⅰ类 AVO 模型(高阻抗饱气砂岩地层)。第Ⅰ类 AVO 异常是由高阻抗的饱气砂岩地
层引起的,这种地层的压实情况良好,孔隙度相对较低,与上覆的页岩盖层相比,速度和密度

都明显较高。因此,饱气砂岩地层和上覆页岩地层之间的界面会存在一个正的阻抗差(即向下 v_P 和 ρ 变大),但是由于含气,泊松比差是负值(即下部砂岩地层的泊松比较小)。根据图9.7,垂直入射时,反射振幅达到正的最大值,之后随着入射角的增加,振幅逐渐减小,当入射角达到一定值时曲线与 X 轴相交,即振幅减小到零。随着入射角的继续增加,振幅变为负值并增加。反射振幅随入射角的增加呈负梯度变化。

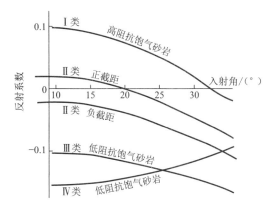

图 9.7 四类 AVO 的示意图。图中给出了饱气砂岩地层顶面的 P 波振幅随偏移距(或入射角)的变化曲线。曲线给出了零偏移距(垂直入射)时的反射系数,及入射角增大时反射系数的变化情况。

在一个叠前合成道集模拟中,对高阻抗饱气砂岩地层的顶面反射来说,在近偏移距时是一个正的强振幅反射,随着偏移距的增加幅值逐渐降低直至消失不见[见图9.8(a)]。此例中,振幅转为负值的现象并不明显,可能是由于模拟中偏移距不够大的缘故。模拟结果与实际地震记录中观察到的振幅变弱的现象是一致的[见图9.8(b)]。正如预期的那样,对饱水砂岩来说,在模拟中没有发现振幅随偏移距的变化现象[见图9.8(c)]。

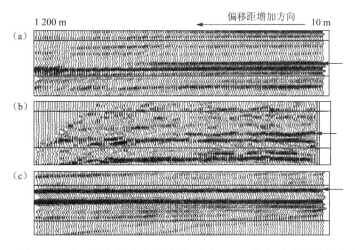

图 9.8 Ⅰ类 AVO(高阻抗饱气砂岩)的振幅响应。(a)饱气砂岩的模拟角度道集;(b)实际地震记录;(c)饱水砂岩的模拟角度道集。箭头标出了涂黑的波谷,代表饱气砂岩地层顶面的正极性反射,随偏移距的增加(或入射角的变大),振幅值变弱直至消失,(a)和(b)一致。但对饱水砂岩的合成地震记录(c)来说,则没有出现这种变化现象。(根据 Downton,2005)

不过,反射振幅由正变负只有在偏移距很大的情况下才会出现,这么大的偏移距在常规数据采集中往往是没有被考虑到的。偏移距太大时也会存在很多地震波传播问题以及噪声的干扰,这会使反射极性难以确认。不过,在一个常规的叠加地震剖面中,Ⅰ类AVO很难被发现,因为叠加过程中近偏移距的正振幅值会与远偏移距的负振幅值相加,叠加后的振幅因而会被弱化甚至变成空白(见图9.9)。Ⅰ类AVO的地质实例包括埋藏较深、沉积年代古老、低孔隙度的饱气砂岩储层,这种储层可能不会有明显的振幅异常,虽然这是一种勘探目标,但是在叠后地震资料中可能会被错失。

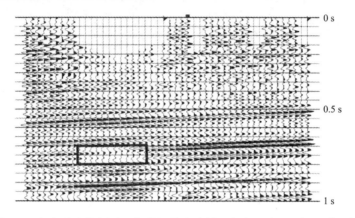

图9.9　Ⅰ类AVO振幅异常的例子。在常规的叠后剖面中难以对此进行识别。由于饱气砂岩的阻抗高,近角度地震道出现了正极性反射,随偏移距的增加,反射振幅变弱,在大偏移距时则变成了负极性反射,之后再增加偏移距,负反射幅值变大。因为在对所有偏移距地震道进行CDP叠加时,会将正负振幅值相加,最终效果就是叠后反射幅值趋于零,从而在叠后剖面中反射轴消失了,无法对饱气砂岩地层的顶面进行识别。(根据Rutherford和Williams,1989)

Ⅱ类AVO模型(与盖层几乎无阻抗差的饱气砂岩地层)。压实程度适中的饱气砂岩地层可能与上覆页岩盖层的阻抗差异很小,这就是Ⅱ类AVO的情况。在垂直入射时,由于界面两侧的阻抗差很小,无论振幅是正极性的还是负极性的,振幅值都很微弱。如果在近偏移距时振幅是正值,那么随着偏移距的增加振幅会变弱(见图9.7),这种Ⅱp类(垂直入射时反射系数为正值)AVO异常在叠后地震剖面中可能完全显现不出来。另一方面,如果在近偏移距时振幅是负值,就称为Ⅱn类(负值)AVO,尽管在近偏移距时振幅值很微弱,但随着偏移距的增加振幅值会变强,在远偏移距时会比较明显,因此AVO异常特征是能够被觉察到的。对Ⅱn类AVO来说,将近偏移距部分叠加剖面与远偏移距部分叠加剖面进行对比,就可以快速识别出饱油气的砂岩储层。在近偏移距部分叠加剖面中没有反射或很微弱,但是在远偏移距部分叠加剖面中反射振幅很明显(见图9.10,彩图见附录),在全偏移距叠加剖面中又变弱(远近偏移距求和平均的结果),如果是这样,可能就预示着油气的存在。相反的话,在近偏移距时振幅较强,在远偏移距时振幅变为零或较弱,并且在叠后剖面中振幅变弱,这可能是饱水砂岩地层顶面的反射。解释人员往往是基于叠后数据进行工作的,无论是含水还是含油气的情况,叠后振幅可能都比较大,这与Ⅲ类AVO的亮点情况有些相似,容易引起混淆。基于近偏移距部分叠加剖面、远偏移距部分叠加剖面和全偏移距叠加剖面这几种叠前部分角度叠加剖面进行量化分析就能够消除这种误判,在解释人员不容易得到优化后的叠前道集的情况下,这种更具体的AVO分析会非常有价值。Ⅱn类AVO与Ⅲ类AVO的反射模式非常相似,只是无论是在近偏移距、远偏移距还是全偏移距叠加剖面中,后者的振幅都要更强。

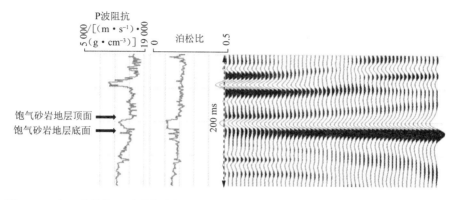

图 9.10　在一个模拟地震道集中振幅随偏移距的变化情况。饱气砂岩地层的 P 波阻抗和泊松比都比较低。随偏移距的增加,其顶面的负反射幅值(波谷)变大,其底面的正反射幅值(波峰)也变大。(得到位于加拿大 Calgary 的 TGS 所属部门 ASS 的许可)

不过,在叠后剖面中,含油气砂岩的Ⅱ类 AVO 振幅异常特征有时却未必显现出来(Rutherford 和 Williams,1989)。Ⅱ类 AVO 的振幅随偏移距的变化也是呈负梯度的,与Ⅰ类 AVO 和Ⅲ类 AVO 是一致的(见图 9.7)。在印度海上油田,上新世饱油砂岩就具有典型的Ⅱn 类 AVO 特征,在近偏移距时无反射或反射非常微弱,但是在远偏移距时和全偏移距叠加后振幅就变得比较明显(Nanda 和 Wason,2013)。

Ⅲ类 AVO 模型(低阻抗饱气砂岩地层)。Ⅲ类 AVO 是由低阻抗饱气砂岩地层的顶面引起的,一般是沉积年代较晚的地层,埋深也较浅,上覆层为页岩盖层。垂直入射时,一般是一个负的振幅值较大的反射,随着偏移距的增加,负振幅继续变强。在叠后地震剖面中,为一个非常显眼的高振幅异常,这也是人们熟知的经典的亮点(参见第六章)。含气砂岩地层与上部的页岩盖层之间的地层界面,其反射特征是一个具有负极性的强振幅反射,因为下部砂岩地层的速度、密度和 v_P/v_S(泊松比 σ)都明显低于上部的页岩盖层。世界各地广泛分布的中新世—上新世以及沉积年代较晚的未固结饱气砂岩地层就具有典型的Ⅲ类 AVO 特征。图 9.11(彩图见附录)是一个实际模型的振幅随偏移距变化的情况,对饱气砂岩地层的顶面反射来说,在近偏移距时振幅较大且是负值,随着偏移距的增加振幅值增大。图中也给出了砂岩地层底面的反射形态,其反射振幅是正值且随偏移距的增加而变大。对Ⅲ类 AVO来说,反射振幅的变化趋势是负梯度的,与Ⅰ类 AVO(见图 9.7)相似。

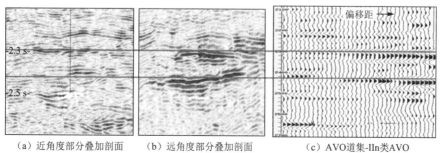

图 9.11　(a) 小角度部分叠加道集和(b) 大角度部分叠加道集的比较。对这两条红线所标出的地层界面来说,在小角度道集上振幅较弱或无反射,但在大角度道集上却是高振幅,钻探后证实含油。(c) AVO 道集证实了这一振幅异常是Ⅱn 类 AVO。(得到印度 ONGC 的许可)

IV 类 AVO 模型(低阻抗饱气砂岩地层且盖层的阻抗更高)。IV 类 AVO 异常发生在低阻抗饱气砂岩储层且上覆有相对较硬岩层的情况下,例如钙质页岩或石灰岩。含气储层的阻抗和 v_P/v_S 都较低,因而储层顶部的反射是一个负极性的强振幅。不过,随着偏移距的增大,强振幅逐渐变弱。这与 III 类 AVO 的振幅变化趋势是完全相反的,III 类 AVO 的负振幅随偏移距的增大而增强。这种饱气砂岩地层除了阻抗和 v_P/v_S 都较低之外,其 AVO 的变化特征也是独特的,这是因为盖层硬岩石的 v_S(以及 S 波阻抗)比饱气砂岩地层的高,而 III 类 AVO 中页岩盖层的 v_S 则比砂岩低。因此,应当把 v_S 作为 AVO 正演模拟当中一个独立的输入参数。图 9.12 为一个 IV 类 AVO 的例子,在近偏移距时是一个负极性的强反射振幅,在远偏移距时振幅变弱,整体具有一个正梯度的变化趋势。

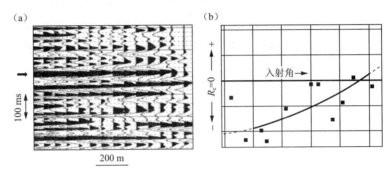

图 9.12 IV 类 AVO 反射的属性。(a)饱气砂岩地层的顶面是大幅值的正反射(黑色波峰),随偏移距的增加幅值变小;(b)反射系数随入射角的变化曲线,截距为负值,斜率为正值。(得到印度 ONGC 的许可)

IV 类 AVO 的振幅随入射角的增大而变弱,变化梯度是正的,这与其他三类 AVO 是不同的。下面总结在叠前道集中三类 AVO 反射振幅值的大小和变化梯度情况,这里 R_0 指垂直入射时的反射振幅。

(a)正 R_0,强振幅随偏移距的增加而减弱,变化梯度为负,如 I 类 AVO。

(b)负 R_0,强振幅随偏移距的增加而增强,变化梯度为负,如 III 类 AVO。

(c)负 R_0,强振幅随偏移距的增加而减弱,变化梯度为正,如 IV 类 AVO。

典型的实例包括印度海域上新世饱气砂岩储层,所造成的 AVO 异常及其性质见表 9.1。

表 9.1 印度海域上新世含气砂岩地层的物理性质及地震响应的 AVO 类型

AVO 类型	I 类 AVO		III 类 AVO		IV 类 AVO	
含气砂岩及盖层的岩性	页 岩	含气砂岩	页 岩	含气砂岩	钙质页岩/石灰岩	含气砂岩
$v_P/(m \cdot s^{-1})$	2 520	3 010	2 620	2 540	3 040	2 590
$v_S/(m \cdot s^{-1})$	1 310	1 750	1 320	1 560	1 590	1 490
$\rho/(g \cdot cm^{-3})$	2.4	2.2	2.3	2.1	2.3	2.2
$v_P\rho[(m \cdot s^{-1}) \cdot (g \cdot cm^{-3})]$	6 050	6 620	6 030	5 330	6 990	5 700
v_P/v_S	1.9	1.7	2.0	1.6	1.9	1.7
含气砂岩的 AVO 指示特征	正反射系数,负斜率,振幅随偏移距的增加而减弱		负反射系数,负斜率,高振幅,随偏移距的增加而增强		负反射系数,正斜率,高振幅,随偏移距的增加而减弱	

表9.1中给出了典型的岩性及其地震反射特征,即用于预测天然气存在与否的AVO振幅异常。在最后一行给出了每种类型AVO的特征属性。Ⅳ类AVO出现时,含气砂岩地层的阻抗低而盖层是致密岩性,并且盖层的v_S比下方的含气砂岩地层高。盖层的岩性致密,速度和密度都较高(阻抗高),含气砂岩地层顶面的反射系数就是负值,在零偏移距时可能会是强反射。实际上,盖层岩石的v_S决定了AVO的类型;Ⅲ类AVO储层(经典的亮点)的盖层v_S较低,而Ⅳ类AVO的盖层v_S则较高。

尽管AVO异常被划分成了四类,但是实际中会存在与这几类AVO属性都有所不同的情况,因为在不同的地质环境下,储层以及上覆层岩石和流体的参数组合是多样的。岩石和流体的性质也依赖于温度、压力、成岩阶段和压实程度、矿物成分和骨架结构、流体饱和度和黏度等。这些因素都会改变AVO的结果,即使确定了AVO的类别也不能保证会有商业发现。

基于叠前道集的AVO分析是判断天然气存在与否的最简单便捷的方法,只需要观察振幅随偏移距是变大还是变小即可。不过,由于多种原因,振幅值也许不是那么可靠且变化趋势也不够明显,这就给AVO分析带来了障碍。另外,由于噪声和分辨率的限制,在数据中确定准确的反射极性(正/负)有时也会非常困难。在一些情况下,解释人员无法得知地震数据中对反射极性的约定,因为不同的公司可能会有不同的约定。

研究AVO异常的另外一个办法就是将振幅随$\sin^2\theta$变化的曲线绘制出来。针对小角度(不大于30°)入射问题,Shuey(1985)将Zoeppritz方程简化成一个二参数方程,给出了线性公式:

$$R(\theta)=A+B\sin^2\theta \tag{9.3}$$

式中　$R(\theta)$——P波反射系数;

A,B——反射系数随$\sin^2\theta$呈直线变化的截距和斜率。

这个公式所给出的直线关系非常简单明了。利用Ⅲ类AVO作为例子,图9.13(彩图见附录)给出了反射系数变化的直线[见图9.13(a)],反射系数随入射角θ的变化是一条曲线[见图9.13(b)],但随$\sin^2\theta$的变化却变成了一条直线[见图9.13(c)]。将叠前道集中各个反射系数值绘制出来,并给出一个最佳直线拟合,就得到了截距和斜率的值[见图9.13(c)]。AVO截距A(正值或负值)代表了垂直入射时反射系数R_c的大小和正负性,AVO斜率B(正值或负值)给出了反射系数随偏移距的变化率。$A\times B$属性可以突出异常值,可以作为天然气存在的指示因子,代表亮点或Ⅲ类AVO异常。不过,乘积因子对Ⅱ类AVO异常可能是无效的,如果缺乏对本地区饱气砂岩储层类型的了解,就很难对此进行解释。例如,基于乘积因子很难区分Ⅰ类AVO和Ⅳ类AVO,因为它们的乘积都是负值。

一种更为有效的分析方法就是制作A和B的交互图,针对所要研究的地层,从每一个CDP道集中估算出二者的值即可,这是另外一种基于AVO的预测方法。A(反射系数R_c)和B(变化梯度)是两个关键属性,针对所研究的地区,可以根据已知地质情况建立起页岩和饱水砂岩的模型,模拟得到AVO响应。任何与此AVO变化趋势不一致的地方可能都是含油气的地层。不过,正演模拟时需要对本区岩石和流体参数有所掌握,可以通过测井来得到这些参数。与常规的截距和斜率类型的振幅属性相比,定量AVO分析要精密得多,它主要是利用反演来得到储层的P波阻抗和S波阻抗。这一技术被称为AVO反演,我们将在第十一章(地震正演与反演)中进行讨论。

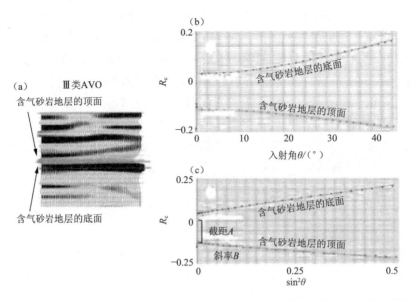

图 9.13　Ⅲ类 AVO 的特性（亮点）。（a）强振幅反射（砂岩顶面），极性为负且随偏移距的增加幅值变大；（b）反射系数随入射角 θ 的变化曲线，砂岩底面的反射也一并展示出来了；（c）反射系数随 $\sin^2\theta$ 的变化曲线，这是一条直线，截距 A 为负值，斜率 B 也为负值。（得到位于加拿大 Calgary 的 TGS 所属部门 ASS 的许可）

9.5.3　AVO 分析的局限性

对 AVO 异常进行仔细分析可以得到油气存在与否的线索，尽管如此，一段时间以来，许多预测含天然气的储层在钻探后都被证实为干井，这意味着解释人员必须了解 AVO 分析的局限性。造成失利的原因有几种：（1）AVO 分析的基础是 Zoeppritz 方程，据此来估算反射系数的变化，但是这一方程只适用于单层界面，并且还有很多其他的假设条件。Zoeppritz 方程假设地震波是平面波，而不是球面波，而且不考虑层状介质的效应，在正演模拟计算反射系数时就会与实际情况不太符合（Allen 和 Peddy，1993）。（2）薄层效应（调谐效应），即来自各个界面反射信号之间的干涉效应。（3）小角度入射，假设入射角不大于 30°（AVO 分析中会对 Zoeppritz 方程进行简化）。（4）实际数据中还会有多次波和噪声的存在。（5）上覆层也存在各向异性及横向变化。（6）上覆层非均质性所造成的散射和吸收作用。以上这些都是影响 AVO 分析结果有效性的因素。在正演模拟 $A \times B$ 属性的过程中，或许我们无法正确设置背景趋势，因为岩石和流体的性质在横向和纵向上的变化迅速，在深水地质环境下尤其如此，这会对属性造成影响，从而影响到计算结果，属性结果剖面可能会非常混乱而没有任何明确的规律。

采集和处理过程中的失误也会造成 AVO 假像，如果要做一个有意义的 AVO 分析，那么数据质量就必须符合要求。在做 AVO 分析之前，必须对数据质量的可行性进行分析，如果发现不符合质量要求，就需要对数据进行重新处理。对数据进行重新优化处理是非常重要的，这样可以提高信噪比，具体的步骤包括：（1）在不影响分辨率的前提下清除采集脚印；（2）严格的地表一致性振幅均衡处理；（3）有效的叠前偏移以对振幅进行保真。对地震数据进行谨慎的重新处理可以提高有效信号的频带宽度，噪声会得到压制，能够保持相对真实的振幅值，图像的分辨率也会更佳。虽然这些都是常规三维数据处理的流程，但是常规流程难以保证可用于 AVO 分析的数据质量。在做 AVO 分析之前,必须对二维数据和三维数据进行有针对性的预处理。通常由于时间的限制,或是无法对原始数据进行再处理,解释人员就会遇到麻烦,这会削弱 AVO 分析的效果。如果遇到这种麻烦,解释人员需要根据本区的地质情况及个人的经验和能力对 AVO 分析的结果做一判断,以提高结果的可靠性。

AVO 分析的另外一个局限性还在于它通常只适用于碎屑岩储层,并且在特定深度段才有效,即存在一个"AVO 窗口"。通常这一窗口的深度会比较浅,此时的地质环境和地震数据质量允许进行 AVO 分析。我们需要知道,在深度较深时,孔隙流体所造成的地震响应是比较微弱的(参见第一章),同时,深层的图像质量也比较差,因为分辨率和信噪比都比较低,这是由于地震波传播过程中受到了吸收衰减的原因,并存在多次波和其他的传播问题。这也突出显现了 AVO 正演分析的作用和价值,为了可靠地预测含油气砂岩地层,在做 AVO 分析之前需要做正演分析以得到基本的认识。

9.5.4　速度分析(v_P/v_S)以及岩石和流体性质的预测

除了地质原因之外,还有其他几种因素会影响地震振幅,如果只基于振幅信息预测地层性质,结果的可靠性就会出现问题。另一方面,速度信息的可靠程度或许会更高一些。沉积岩石具有特定的骨架结构、孔隙度及所含流体,这些都对 P 波速度和 S 波速度造成不同程度的影响。P 波速度对这些性质更为敏感,常用于预测储层的性质。但是仅仅基于 P 波速度的变化来进行预测有时候并不准确,因为影响 P 波速度的因素并不唯一,还包括岩性、黏土含量和裂缝。另外,不同岩性岩石的 P 波速度可能会存在重合,很难确定主控因素。因为 S 波的性质与 P 波不同,S 波速度的变化规律也与 P 波不一样,同时利用 S 波速度信息会有助于辨别岩石的性质。岩石和流体性质变化时,P 波速度和 S 波速度的响应是不一样的,已知 S 波速度对流体类型的变化不敏感。改变岩石的弹性模量时,P 波和 S 波的速度变化是不同的,可以体现在一个参数上,即 v_P/v_S,与单独利用一种速度信息预测岩石和流体的性质相比,纵、横波速度比是一个更可靠的参数。v_P/v_S 和泊松比 σ 之间可以进行换算,而泊松比是一个重要的岩性和流体判识参数。

泊松比是一个弹性参数,可以用来表征多孔储层岩石及其所含流体的性质。泊松比被定义为纵向施加荷载时横向应变与纵向应变绝对值的比值,体积模量 k 和剪切模量 μ 之间的比值记为 k/μ,泊松比与 k/μ 之间有一个近似线性的关系。简单来说,沉积岩石的体积模量 k 越小(可压缩性越高),泊松比就越低(见图 9.14)。泊松比与 v_P/v_S 之间的关系为:

$$\left(\frac{v_P}{v_S}\right)^2 = \frac{2(1-\sigma)}{1-2\sigma} \tag{9.4}$$

二者的变化趋势是一致的,不过并非是线性的关系,泊松比越大则 v_P/v_S 就越大,反之亦然(见图 9.15)。沉积岩石的泊松比一般处在 0.2~0.4 之间。石灰岩等硬岩石的泊松比最高,其次是页岩和饱水砂岩。较软的饱气砂岩的泊松比很低,一般处在 0.15~0.17 之间,这也常常用作储层含气的重要标志。

v_P/v_S 的功能如下:

(1)用 v_P/v_S 来预测流体和岩性。常常用 v_P/v_S 来代替泊松比,因为在测井和地震中容易得到速度资料。岩石所含流体的压缩性对 P 波速度的影响较大,但是几乎不影响 S 波速度,因为流体的剪切模量几乎为零。孔隙空间中如果存在天然气等高度可压缩性流体,P 波速度就会明显降低;如果岩石饱水,P 波速度就会升高,因为水的可压缩性变差了。另一方

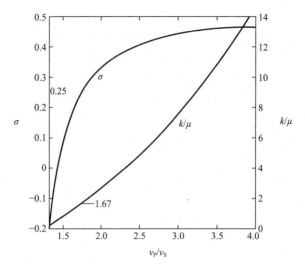

图 9.14 σ、k/μ 以及 v_P/v_S 三者之间的内在关系。三个参数展示出同时增加的趋势，不过并不是线性相关的关系。（根据 Tatham,1982）

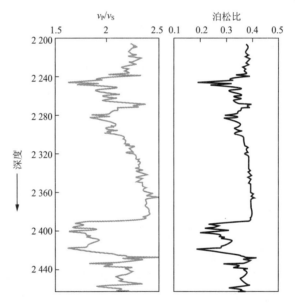

图 9.15 v_P/v_S 和泊松比的测井曲线。二者的变化趋势一致。（得到印度 ONGC 的许可）

面,岩石无论是含天然气还是含水,S 波速度都不受影响,只是由于流体密度的差异而使得 S 波速度出现轻微的变化。因此,v_P/v_S 就是很好的辨别孔隙流体类型的指示因子,其值较低代表孔隙空间存在天然气,反之代表孔隙空间存在水。

(2) v_P/v_S 对岩性也较为敏感。不同类型的岩石,其 P 波速度的变化范围可能会存在重叠,此时可以借助 v_P/v_S 来进行区分,因为 S 波速度的变化范围可能是不一样的。未固结砂岩的 P 波速度低,但是其 v_P/v_S 可能较高(2.1～2.3),因为其 S 波速度相对更低,这是由于未固结砂岩的剪切模量更低的缘故。砂岩和石灰岩的 P 波速度可能差不多(与地质沉积年代和埋藏深度有关),但砂岩的 S 波速度可能会高于石灰岩,因此砂岩的 v_P/v_S 会更低(1.6～1.7),而石灰岩的 v_P/v_S 为 1.8～2.0(Wang,2001;Pickett,1963;Castagna 等,1985)。

页岩在石油勘探中扮演了重要的角色,根据黏土含量和埋深的不同,其P波速度和S波速度及密度的变化范围比较广。不过,因为页岩的剪切模量一般较低,S波速度因而也较小,导致v_P/v_S较大,一般处于$2.2 \sim 2.4$之间,明显高于储层砂岩。黏土含量高的页岩的v_P/v_S甚至会更高一些,可以将此作为推断沉积环境的线索。

在碳酸盐岩油藏勘探中,致密石灰岩和多孔白云岩的P波速度差不多,这时可用v_P/v_S来对二者进行区分,有助于准确预测储层的沉积相(Rafavich等,1984)。不过,需要指出的是,v_P/v_S用于岩性判别和流体判别仅仅是经验性的,只能依据值的变化范围来进行粗略划分。

(3)用v_P/v_S来预测孔隙度和黏土含量。预测储层的孔隙度和黏土含量是油藏表征中的关键工作。孔隙度和黏土含量的增加都会降低砂岩储层的P波速度和S波速度,因为体积模量和剪切模量都会随之降低。另外,P波速度的降低更多地是受孔隙形状的影响,而不是孔隙度大小的影响,但是孔隙形状对S波速度的影响却并不那么明显。因此,很难将v_P/v_S作为判别孔隙度大小的指标。不过,随着黏土含量的增加,剪切模量会降低,与P波速度的降低幅度相比,S波速度降低得更为明显,因此,v_P/v_S就会变大(见图9.16)。从地震反演中得到v_P/v_S(参见第十一章),就可以将此用于预测砂岩/页岩比值,这是一个用来识别有利勘探区域的重要地质参数。举例来说,对海上浅层上新世和更新世的含油气河道砂岩勘探目标而言,从地震反演中得到v_P/v_S,就可以用于区分纯净的河道砂岩和含黏土的堤坝砂岩了,这对后续的油田开发和油藏管理也是大有帮助的。

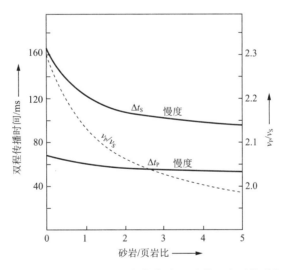

图9.16 v_P、v_S和v_P/v_S随黏土含量的变化曲线。随黏土含量的增加(即砂岩/页岩比的降低),v_S明显降低(Δt_S增加),但v_P的降低幅度并不明显,因而v_P/v_S变大。(根据McCormack等,1984)

上述用v_P/v_S来判别岩性和流体的方法也是经验性的,需要针对特定地质区域进行具体分析,若不清楚一个地区的地质情况,很难断定较低的v_P/v_S就对应砂岩储层和油气。实际上v_P/v_S的变化范围也是很大的,受多种因素的控制,包括岩石固体骨架的结构、孔隙度和孔隙形状以及沉积环境。印度海域的一个测井实例研究表明,上新世页岩的v_P/v_S的变化范围是$2.1 \sim 2.4$,饱油砂岩的v_P/v_S为$1.8 \sim 1.9$,饱水砂岩的v_P/v_S为$2.0 \sim 2.1$(Nanda和Wason,2013)。

(4) 用 S 波分裂来预测裂缝。当 S 波由各向同性介质进入各向异性介质后(比如裂缝性储层),就会分裂成两个正交的极化波,传播速度也不一样。图 9.17(Martin 和 Davis,1987)给出了一个含垂向裂缝的各向异性介质,裂缝面走向为 NE—SW,一个极化方向为 E—W 的 S 波进入此裂缝性介质后就分裂成两个正交的极化 S 波,即 S_1(NW—SE)和 S_2(NE—SW)。平行于裂缝面的 S_1 波的速度较高,而极化方向垂直于裂缝面的 S_2 波的速度较低。由于二者之间存在速度差,就会形成一个接收时差(Δt),这种现象也被称为双折射。

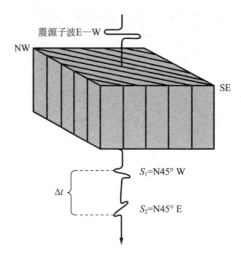

图 9.17 双折射的示意图。一个沿 E—W 方向极化的 S 波进入一个各向异性介质,其中含 NW—SE 走向的裂缝面,波与裂缝面斜交,S 波因而分裂成两个互相正交的 S 波(双折射)。速度较高的快 S 波(S_1)的极化方向与裂缝面平行,速度较低的慢 S 波(S_2)的极化方向则与裂缝面垂直。(改编自 Martin 和 Davis,1987)

假设有一个简单的含垂向裂缝的地层,此开放型裂缝的走向也是单一的,快 S 波的方向就会与裂缝系统的走向一致。快 S 波和慢 S 波之间的时差与裂缝密度有关。因此可以用 S 波分裂来识别和表征具有单一裂缝系统的地层。世界上许多油藏都具有天然裂缝,对裂缝的几何展布进行描述会有助于更好地掌握流体的流动情况,以达到优化油藏管理的目的。不过,如果同时存在两套不同走向的裂缝系统,利用 S 波分裂来表征裂缝的几何形态就会遇到麻烦。

利用 S 波来对岩石和流体的性质进行有效评估的潜力是巨大的,尽管如此,S 波资料仍然是非常稀少的,海上勘探尤其如此,本章开头也提到过,这里面有技术和经济方面的限制。目前 S 波数据在陆上是来自于转换波(P-S-S 和 P-S-P)的,在海上是来自于多分量 OBC 和常规的漂缆记录的。AVO 以及泊松比是较为敏感的岩性和流体辨识因子,在分析之前需要谨慎评估地震数据质量的可行性。

参考文献

1 ALLEN J L,PEDDY C P,1993. Amplitude variation with offset:Gulf Coast case studies. Tulsa:Society of Exploration Geophysicists:22.

2 CASTAGNA J P,BATZLE M L,EASTWOOD R L,1985. Relationship between com-

pressional-wave and shear-wave velocities in clastic silicate rocks. Geophysics,50：571-581.

3　DOWNTON J E,2005. Seismic parameter estimation in AVO inversion. Calgary：University of Calgary.

4　ENSLEY R A,1984. Comparison of P-and S-wave seismic data：a new method for detecting gas reservoirs. Geophysics,49(9):1420-1431.

5　MARTIN M A,DAVIS T L,1987. Shear-wave birefringence：a new tool for evaluating fractured reservoirs. The Leading Edge,6(10):22-28.

6　MCCORMACK M D,DUNBAR J A,SHARP W W,1984. A case study of stratigraphic interpretation using shear and compressional seismic data. Geophysics,49(5):509-520.

7　NANDA N C,WASON A K,2013. Seismic rock physics of bright amplitude oil sands-a case study. CSEG Recorder,38:26-32.

8　PICKETT G R,1963. Acoustic character logs and their application in formation evaluation. Journal of Petroleum Technology,15(6):650-667.

9　RAFAVICH F,KENDALL C H S C,TODD T P,1984. The relationship between acoustic properties and the petrographic character of carbonate rocks. Geophysics,49(10):1622-1636.

10　ROBERTSON J D,PRITCHETT W C,1985. Direct hydrocarbon detection using comparative P-wave&S-wave seismic sections. Geophysics,50(3):383-393.

11　RUTHERFORD S R,WILLIAMS R H,1989. Amplitude-versus-offset variations in gas-sands. Geophysics,54(6):680-688.

12　SHUEY R T,1985. A simplifcation of the Zoeppritz's equations. Geophysics,50(4):609-614.

13　STEWART R R,GAISER J E,BROWN R J,et al,1999. Converted-wave seismic exploration：a tutorial. CREWS Research Report,11.

14　TATHAM R H,1982. Vp/Vs and lithology. Geophysics,47(3):336-344.

15　TATHAM R H,STOFFA P L,1976. Vp/Vs-a potential hydrocarbon indicator. Geophysics,41(5):837-849.

16　WANG Z J,2001. Y2K tutorial fundamentals of seismic rock physics. Geophysics,66(2):398-412.

第十章　地震属性分析

提取与分析地震属性有助于揭示隐藏在地震数据中的地质信息。解释人员需要与处理人员沟通配合,熟悉属性处理软件及相关的技术原理。

最容易获取到的是基于振幅的地震属性,这也是应用最广泛的一类属性,可用于预测岩石和流体的性质,有时候也可以作为油气存在的直接指示因子。本章还会介绍与薄层有关的调谐厚度现象及谱分解技术。谱分解技术被广泛应用于薄层以及河道及堤坝复合体等地震相横向变化的刻画与表征当中。

接下来讨论倾角-方位角、曲率和相干体等几何地震属性的地质意义及其在储层工程和勘探开发管理科学中的应用。同时显示众多的地震属性,放在地质、测井和工程数据的大背景下进行分析,这样就能够得到可靠的解决方案。本章最后介绍地震属性提取与分析的局限性。

属性是从地震数据中提取出来的地震信号的内在性质。地震反射波形中隐含了有用的地质信息,通过提取和分析地震属性就可以得到这些地质信息。在第一章中我们已经介绍了,从单独一个地震道中能够得到的属性有振幅、频率和极性。二维地震数据额外提供了速度和反射轴的视倾角等属性。高分辨率高密度(HRHD)三维地震数据体可以提供更多的地震属性,借助计算机可以精确计算出这些属性并很方便地对其进行分析,进而可以解释地下的地质情况,包括储层岩石与流体的性质。基于工作站的属性分析实际上是一种高级的与处理结合在一起的人机交互解释过程,在实际应用中可以佐证常规解释结果并提高预测的准确度,有时能够达到定量化解释的水平。不过,在进行属性分析之前需要先弄清楚地质目标,以便有目的地选取合适的地震属性来进行分析。有时还需要进行额外的正演分析和更高级的数据处理工作。知识面、经验以及对处理软件的熟悉程度都有助于选取合适的技术并恰当地输入设定好的参数,从而保证结果的可靠性。接下来我们将会简要介绍最常用的一些地震属性及其地质意义和在石油勘探与开发中的应用情况。可以将地震属性分成两大类:一类是基本属性,即振幅、频率、相位和极性;另一类是几何属性,包括倾角、方位角、曲率和相干性。

速度也是一种基本的地震属性,我们在前面已经介绍过,并将在后面的第十一章中继续进行深入的讨论。

10.1　基本属性

基于地震振幅的属性是最直接且应用最广泛的一种,可用于预测岩石和流体的性质,在条件许可的情况下可以作为油气存在的直接指示因子。尽管目前发展出了一些新的更复杂的技术来提取和解释其他的属性以用于岩性的定量预测,但是沿一个反射轴振幅的变化却依然是地层岩相和孔隙度变化最直接的反映。关于基本属性(大多是针对薄层),常用的技术包括复地震道分析、调谐厚度和谱分解,接下来依次进行介绍。

10.1.1 复地震道分析:振幅、频率、相位和极性

地震道可以看作是质点速度或声波压力随时间变化的曲线。对一个界面的反射波来说,其任意时刻的形状都与其信号带宽内所有组成频率的反射振幅和相位有关,它本质上也是地层厚度和阻抗的函数。如果地层太薄,受子波带宽的限制,其顶面和底面的反射波无法分开,顶底界面的反射波就会干涉在一起而形成一个复合反射波。大多数地震反射波实际上都是复合反射波,是离得很近的多个界面反射波互相叠加的结果。这种复合反射波随时间纵轴的变化隐含了关键的地质信息,比如岩石和流体的性质以及所有这几个薄层的综合厚度信息。但是,可靠的解释是不能基于复合反射波的,因为其分辨率太低。复合波是一群地层大体上的综合反射结果,从中不能得到单个地层的属性。通过将时间序列(即记录到的地震道)变换到频率域就可以将复合波分解开来,可以得到单个地层的属性,从而能够方便可靠地解释具体的地层信息。复地震道分析是一种早期的技术,能够提供复合波内单个频率成分下的振幅、相位和频率属性信息。这与求取整个地震道的导数类似,能够提供更丰富和具体的地层信息。

随时间纵轴变化的地震波被认为是一个复信号,在数学上被定义为具有实部和虚部(Taner 等,1979)。在 X-t 平面内记录到的地震波就是这一解析信号的实部,其虚部为 Y-t 平面,仍是这个时间序列,但是相位移动了 $90°$。二者综合起来就构成了复信号,可用于提取和分析各种属性。设定一个时间窗口,挨个采样点进行计算就可以得到瞬时振幅、瞬时频率和瞬时相位。一般以垂直剖面的形式彩色显示这些属性,从而能够提供时间和空间的地质信息,重点是分析这些属性的变化,而不是其绝对值。

(1)瞬时振幅(反射强度)。反射强度是反射波包络面的振幅(参考第一章)。它不依赖于反射相位,即反射强度的最大值与反射振幅的最大值(波峰或波谷)可能并不同步。在进行具体的地层解释时,反射强度的变化要比振幅的变化更加可靠和有意义。反射强度在横向上的剧烈变化反映了岩性或流体性质的改变,可能出现了突然的岩性变化,或者是存在断层、不整合面或含有了天然气。另一方面,渐变的反射强度也可能与岩相或地层厚度的横向变化有关。瞬时振幅反映的是复合反射波包络面的振幅,其在各个采样点之间的变化并不能反映具体的薄层地质信息。瞬时振幅对噪声也非常敏感,这或许也影响了其可靠性(见图10.1,彩图见附录)。

(2)瞬时频率。瞬时频率是沿地震道的采样点逐个计算当前时刻的主频,与相位和振幅无关。考虑到复合反射波的成因,即不同厚度地层在不同频率下反射的叠合结果,并且频率会受到地层厚度的影响,如果能够将复合反射波分解开来,利用其瞬时频率特征或许就能反映出地层的厚度特征(Partyka 等,1999)。从复合反射波中提取出瞬时频率属性有助于揭示组成复合反射波的各个薄层及其声阻抗的特征。

通过分析瞬时频率属性,可以得到地层的细节信息,在储层识别和薄储层刻画方面可以发挥作用,尤其是对层序内的薄互层特别有效。通过瞬时频率地震相的变化,可以将储层的横向边界更精确地刻画出来。当地层厚度减小时,瞬时频率值是增加的,甚至当地层厚度小

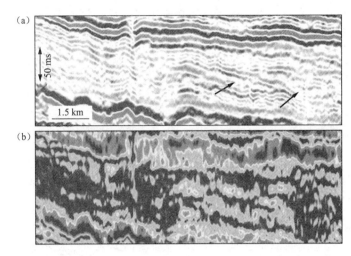

图 10.1　从地震剖面(a)提取出来的瞬时振幅属性剖面(b)。注意,在常规的地震剖面中进积特征是非常明显的(箭头所指),但是在属性剖面中(由于噪声的干扰)进积特征是模糊不清的。(得到位于 Calgary 的 TGS 所属部门 ASS 的许可)

于 1/4 波长极限($\lambda/4$)时,瞬时频率值依然很高。这种现象被称为调谐频率,与调谐厚度(调谐振幅)有关(Robertson 和 Nogami,1984),下面进行进一步的介绍。

与油气储层有关的低频模糊现象被认为是地震波的高频成分被吸收而造成的。基于这一原理而发展出了"甜点"分析软件,常在钻前被解释人员用来预测油气的存在。然而,如前面第六章中所介绍过的那样,低频阴影区真正的诱因仍然是个谜(Ebrom,2004),因为许多油气储层并没有表现出低频阴影现象。虽然如此,在瞬时频率垂向剖面内,如果存在高频成分的减少,可以归结为岩石骨架的吸收作用和薄互层的透射损失作用(参见第一章),这为分析岩石类型和组构提供了线索。另一方面,属性剖面内频率的横向变化可能与沉积相的变化有关,其剧烈变化可能意味着河流—三角洲相等地质变化较大的沉积环境。

(3)瞬时相位。解释人员常常将相位和极性混为一谈,实际上这是两种不同的属性。瞬时相位剖面展示的是反射波形处于波峰、波谷和过零处时刻的相位。反射极性反映的是界面上下的阻抗差,可能是正值也可能是负值。瞬时相位与振幅大小无关,不会受到反射轴强弱的影响,反映的是反射轴的连续性。

在考查储层地震相连续性时,相位追踪就显得特别有用,如果界面上下地层的阻抗差异较小从而反射轴较弱,此时对振幅的追踪可能就会受到影响。瞬时相位剖面强化了横向连续性特征,可以突出显示断层和尖灭等特征。对反射较弱的区域来说,利用常规的地震叠加剖面难以进行地震层序识别和地震相分析,此时瞬时相位剖面就有用武之地,可以更好地揭示不连续体和反射轴的不整合模式。其中重要的应用方面包括识别隐蔽的顶超和叠瓦状进积斜坡反射模式,这通常被认为是有利的勘探地带。选择合适的颜色组合,利用瞬时相位剖面能够增强不连续体的反射特征、隐蔽的断层和地震相变化带,能够更好地进行储层表征,这是利用常规剖面无法实现的。

然而,利用早期的复地震道分析技术所提取出来的瞬时属性在用于定量分析时却并不那么可靠。利用最近发展出来的谱分解等高级技术可以得到更为可靠和有效的结果,目前在分析和评估瞬时属性中得到了更广泛的应用。

10.1.2　调谐厚度:振幅随地层厚度的变化

较厚地层的顶面反射波和底面反射波是分开的,通过拾取顶底反射轴可以很明确地给出地层的时间厚度。但是对薄层来说,顶底界面的反射波是干涉在一起的,只能看到一个复合的反射轴(参见第二章),这时就难以估算薄层的厚度了。Widess 利用楔形体模型说明了这种现象(见图 10.2)。当地层厚度大于 $\lambda/4$ 时,地层的顶底反射是可以明显分开的,可以据此给出层的时间厚度。当地层厚度等于 $\lambda/4$ 时,顶底界面的反射趋向于合并在一起,当地层更薄时,二者就干涉在一起了。因此 $\lambda/4$ 就被称为临界厚度,此时会出现最大视振幅,这被称为调谐厚度。小于此厚度的地层被称为薄层,其特征是存在地震调谐效应,即振幅调谐或频率调谐。但是,小于此厚度的地层,从地震波形的波峰和波谷的时间差上看并没有减少,只是振幅逐渐减弱,直到楔形体尖端的振幅变为零(与此对应的频率调谐指的是随着地层的变薄频率并没有下降)。因此,从振幅值的大小变化可以得到薄层的厚度信息。总之,根据 Widess 的经典模型(1973)我们可以得到两个结论性认识:一是当地层厚度等于 $\lambda/4$ 时振幅会达到极大值,即调谐厚度;二是厚度小于 $\lambda/4$ 的地层可以被定义为薄层,其特征是当地层继续变薄时振幅也逐渐降为零。

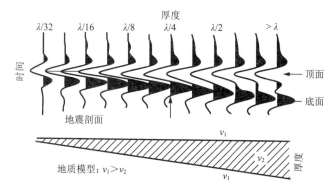

图 10.2　利用 Widess 的楔形体模型来说明调谐厚度的成因。最大振幅出现在 $\lambda/4$ 厚度的地方,即调谐厚度,并将此定义为薄层的临界值。当地层继续变薄时,波谷到波峰的时间厚度并没有发生变化,只是振幅值逐渐降低了,即振幅值和薄层的厚度之间存在着一定的对应关系。(改编自 Anstey,1977)

在不同的深度,对薄层厚度的定义也会不同,因为不同深度的频率和速度也会不同。另外,Widess 模型中的假设条件如果改变了的话,基于 $\lambda/4$ 而定义的调谐厚度及薄层的划分也将做出相应的调整,我们在第二章中曾经讨论过这个问题。根据调谐厚度现象,利用振幅变强的现象可以对薄层进行识别,但是由于此时是一个复合反射波,在常规处理过的地震剖面中仍然无法直接估算出薄层的真实厚度。这就需要运用单独的处理技术,如接下来将要介绍的谱分解技术。附带说明的是,调谐厚度效应所造成的振幅升高会给 AVO 分析及其他与振幅有关的属性解释带来麻烦。

10.1.3　谱分解(AVF)

前面介绍过,大多数地震反射轴都是复合反射波,是由几个靠得很近的界面的反射波叠加在一起而形成的,具有一定的地震信号带宽,反射界面对其中的每一个频率分量都会引起响应。在这种情况下,很难从中分辨出某个薄层的几何尺寸,因为这个复合反射信号是一个被平均化了的响应,除非能将各个频率的反射信号分离开来。谱分解就是这样一种在频率域进行的信号分离技术,与复地震道分析有相似的地方。谱分解过程中,对地震道中的每一个时间采样点都给出分解后的值,能够据此分析薄层的细节信息,比如根据振幅和相位随频率的变化来分析层厚(Castagana 和 Sun,2006)。振幅谱提供了储层时间厚度的变化信息,相位谱则反映了其横向不连续性特征,突显了相变化(Partyka 等,1999)。利用频率谱可以更好地理解薄层及其垂向和横向变化情况。但是解释人员一般更喜欢利用振幅谱来进行分析。与 AVO 名称的来源类似,利用频率分解技术考查振幅随频率的变化也可以被称为谱分解(amplitude variation with frequency,AVF)。

谱分解技术的假设前提是,每个薄层都对应着一个特征频率,在此频率下振幅能够达到极大值从而薄层可以得到最佳成像。实际上,谱分解可以被看成是调谐厚度思想的一种延伸,将其提升到了一个量化的高度,以寻求薄层厚度的解析解决方案。复合反射波是对一个带宽内所有频率的反射波进行平均的结果,如果在一系列固定的频率值下将其分解,就会出现一系列不同的振幅值。在某一个频率下,振幅会出现极大值,对应着某个薄层的调谐厚度,据此可以估算出层厚。谱分解处理结果会得到一系列的频率切片剖面,每一幅都对应着一个特定频率(层厚)下或一个频率范围内的振幅显示结果。将复合反射分解开后,特定频率下才会出现特定的振幅极大值,对应着特定的层厚,因此有助于估算薄层的厚度(见图10.3,彩图见附录)。

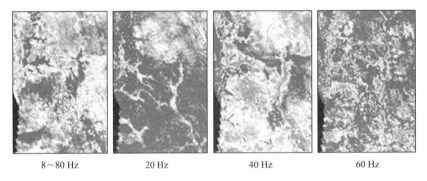

8~80 Hz   20 Hz   40 Hz   60 Hz

图 10.3　谱分解(AVF)前后的地层切片。利用不同的频率进行显示,某一个特定厚度的薄层会呈现出不一样的振幅大小,只有在一个特定的频率下才会出现振幅极大值,此时就确定出了这个薄层的调谐厚度。图中的地质特征(一个河道及决口扇复合体)在 40 Hz 频率下得到了最佳成像,此时也就确定出了这个地层的厚度。(得到位于 Calgary 的 TGS 所属部门 ASS 的许可)

有多种变换方法可以将地震数据变换到频率域进行谱分析,各有优缺点。对一个地震道可以利用多种手段进行时频分析(Castagna 和 Sun,2006)。无论怎样,将频率拆解开来都有助于提高垂向和横向的地震分辨率。与常规的振幅地层切片相比,谱分解能够对薄层(5~10 m,传统方法为 15~20 m)进行更好的垂向分辨和横向分辨。谱分解有助于揭示薄层的地质信息,能够给出各种沉积相的地层细节情况,如河道充填复合体内的河道、堤坝、点砂坝和决口扇等储层,在常规的垂向地震剖面内可能是模糊不清从而容易被忽视掉的。地震相的横向变化也需要被精确地刻画出来,从而能够找到最合适的钻井位置,最大化油气产量。在油气勘探开发领域,谱分解技术的重点应用方面包括:寻找隐蔽地层油藏,对储层内部的薄互层进行表征,在河道及决口扇复合体内定位最佳钻井位置以得到最大产量,通过分析流动单元和非均质体搞清楚油藏内的流动模式。

10.2 几何属性

之所以将这类属性命名为几何属性是因为它们可以比较可靠地给出地下界面构造和地层展布的地形地貌特征,在地下地质特征解释尤其是储层表征中发挥了很大作用。

10.2.1 倾角和方位角

一个地层的倾角和方位角分别指的是其相对于参考面的倾斜大小和方位。在二维地震剖面中并不存在方位角的概念,只存在视倾角。但是在三维数据体的解释中,就可以计算地层的真实(时间)倾角和方位角了。计算时,在一个小的时窗内,计算本采样点与周围地震道采样点之间的时间梯度及其方位角,这就是地层的局部倾角和方位角了(见图10.4)。通过分析倾角和方位角属性可以定量给出地质体的尺度和形状及其延展性。在倾角和方位角剖面内,利用明显的不连续性特征可以识别出小尺度断层和裂纹带,这对油气开发具有重要的意义。如果断面倾角与地层倾向明显不一致,倾向剖面就能够清晰地显示出断层。断面方位和地层方位相反的话,比如大角度反向断层,这一特征在方位角剖面中会得到很好的展示(Rijks 和 Jauffred,1991)。

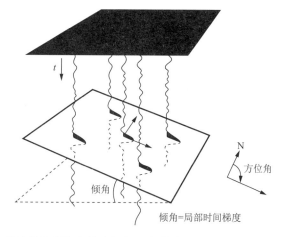

图 10.4 从三维地震数据体中提取倾角和方位角的图示。(摘自 Rijks 和 Jauffred, 1991,图 3)

我们曾经在第八章中简要介绍过基于倾角和方位角的地震层序地层解释(SSSI)。此项技术有助于给出一个盆地的构造—地层框架,这对三维盆地石油系统综合模拟来说是一个必要的信息。更为重要的是,用垂向剖面来展示倾角-方位角属性有助于提高对不整合模式的识别能力,比如层序内的准层序,在勘探阶段有利于分辨出薄的储层,在开发阶段可用于储层表征,以解决流体流动问题。如前面第三章中所介绍过的那样,准层序是较薄的地层,其中含有以最大洪泛面为标志的准不整合面。储层内的准层序边界可以分隔开流动单元,阻碍流体的垂向流动,在油气开采或注水提高采收率过程中会造成异常流动模式。

可以快速准确地计算出倾角和方位角的三维数据体,据此可以很方便地解释大规模的数据体。有意义的是,不需要事先拾取地震层位即可进行此类属性的计算,这避免了解释人员在拾取层位过程中的主观误判(Chopra,2001)。

10.2.2　曲率

　　界面倾角和方位角的变化率就是曲率,在最简单的情况下,可以用不同半径的圆弧来表示任何一点的曲面,半径的倒数就是曲率。对一个二维反射曲线来说,可以用曲率来表示曲线的局部形状,用与曲线相切的相互正交的两个不同大小的圆来确定曲率(Chopra 和 Marfurt,2006)。最小的圆代表最大曲率,最大的圆代表最小曲率。正曲率代表背斜,负曲率代表向斜,零曲率代表平面(见图10.5)。曲率分析对反射波形相对不敏感,与曲面的走向无关(Sigismondi 和 Soldo,2003),但是对噪声和层位拾取误差却很敏感。

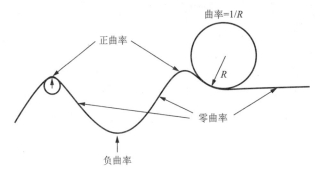

图10.5　不同构造的曲率属性的示意图。正曲率表示背斜,负曲率表示向斜,零值表示构造侧翼的水平界面。

　　利用曲率属性可以准确地刻画出隐蔽的构造特征,如喀斯特和不整合面上的翘曲和挠曲构造(见图10.6,彩图见附录)。相反地,河道充填等水平状地质特征就不能很好地刻画出来。利用这一特点,一个有趣的应用就是评估沟谷充填地带的勘探潜力。利用曲率属性显示,可以很方便地将沟谷充填划分成进积/混乱反射状砂质丘体充填和连续的水平状河道黏土充填(参见第三章有关地震相分析的内容),以评估含油气潜力的不同。利用三维曲率分析可以给出裂缝的面貌轮廓、裂缝密度和走向,以及具有微小断距的断层,受分辨率的限制在常规叠加剖面中可能不容易觉察到这些微幅构造。对这些断层和裂缝的刻画结果,在油气开采和注水采油阶段就成了掌握储层内流体流动通道的关键信息。

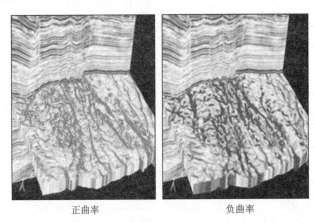

正曲率　　　　　　　　　　负曲率

图10.6　弯曲地层界面的垂向剖面和俯视图的联合椅状显示。正曲率属性和负曲率属性分别准确地刻画出了隐蔽的褶皱程度较高和较低的构造特征。(得到位于 Calgary 的 TGS 所属部门 ASS 的许可)

10.2.3　相干性

相干性(相干系数)指的是两个波形的相似程度,有多种方法可以定义相似度。两种简便的相干性计算方法分别是互相关方法和相似度方法。尽管导出相似度的具体数学算法是不同的,但这两种方法都是基于地震振幅的。地震反射波波形是由振幅、频率和相位来确定的,又都受控于岩石和流体的性质以及地层的厚度。由相干性检测出的波形变化就代表了地层性质的变化。与振幅平面图相比,由于相干性对波形的变化更加敏感,相干性平面图对地层细节的分辨率因而也更高。

在具体的相干性计算过程中,选定一个时间窗口(地层切片窗口),对几个相邻地震道计算出一个平均波形作为参考波形(见图10.7),在地层切片窗口内,计算每一个地震道的波形与此参考波形的相干性(Chopra,2001)。高相干性波形意味着反射轴是横向连续的,相干性不佳就意味着不连续体的出现,比如不整合面、断层、裂缝和地震相变化。

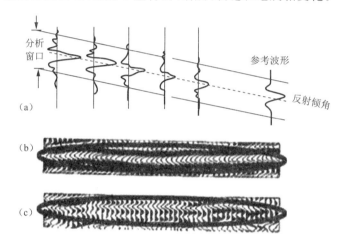

图10.7　从三维地震数据体中提取相干性的数学示意图。(a)在设定好的窗口内将几个地震道的波形进行平均以得到一个参考波形,将这一小块数据体内所有的地震道与此参考波形相比以计算出相似度;(b)具有高相干性的一组相似波形就代表反射轴是横向连续的;(c)波形间相似度较差,代表相干性不高。(根据 Chopra 和 Marfurt,2006,2007)

图10.8(彩图见附录)是常规垂向地震剖面和相干体的地层切片的椅式联合显示,二者可以相互佐证。地层俯视图中的黑色突出了反射连续性差或无反射的区域,对不连续体(断层和裂缝发育区)的成像效果较好,从垂向剖面中可以得到进一步证实。利用相干体可以有效识别隐蔽地层特征,如河道和小的断层,尤其是与地层走向平行的断层,在常规剖面中是难以对其进行识别的(见图10.9,彩图见附录)。综合倾角-方位角、曲率和相干体属性来进行分析,可以有效识别储层内的隐蔽构造变形和不连续体,有助于解决开发阶段与储层工程有关的难题。微小断层、不明显的相变化及条带状页岩层等渗透性障碍体都可以造成严重的储层非均质性,如果开发前不了解清楚,就难以掌握后续的流动模式,从而给采油效率带来负面影响。

如果地震数据的信噪比高,相干体技术就能够发挥效果,在工作站上可以较准确地自动计算出相干体数据。但是,如果地震数据的质量较差的话,解释人员必须进行层位拾取,以便进行相干体的计算。这种情况下,地层相干体切片的可靠性就得不到保证,因为反射轴是人为拾取的。基于相似度的相干体也容易受到噪声的影响。相干体是一种功能强大且敏感的属性,需要谨慎客观地处理和评估相干体属性,尤其是在油藏开发阶段。有必要将相干体属性切片与地震剖面同时显示以互相得到验证,同时还要符合本区域的地质背景,这样才能得到可靠的预测结果。对地震异常体进行属性分析时,如果缺乏地质知识的支持,将会带来灾难性的后果。

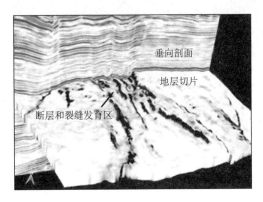

图 10.8 常规垂向地震剖面与相干性地层切片的联合椅式显示。地层切片中的白色对应着垂向剖面中较连续的反射。黑色突出显示了垂向剖面中反射连续性较差或无反射的区域,代表断层和裂缝发育区,与垂向剖面的对应关系非常好。(得到位于 Calgary 的 TGS 所属部门 ASS 的许可)

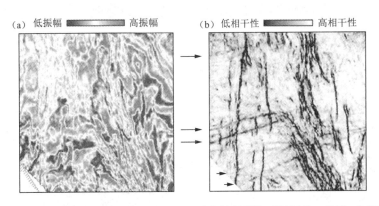

图 10.9 (a) 地震时间切片(1392 ms);(b) 对应的相干体时间切片。注意,在相干体时间切片中,断层和裂缝发育区的特征非常清晰,在地震时间切片中却并不明显。对于箭头所指的微幅断层,在地震切片中并没有显现出来。(得到位于 Calgary 的 TGS 所属部门 ASS 的许可)

10.3 多属性的综合展示

尽管在勘探和开发阶段都会使用属性分析,但是其对开发阶段的意义更加重大。理想情况下,确定好了地质问题之后,需要对地震数据进行优化处理才能得到可靠的地震属性,还需要确认可行性,之后才能够实施多属性分析。在不同的情况下,不同的属性可以给出不同的信息,有些是相互一致的,有些则不然。解释人员需要具有较宽的知识面和实际工作技巧才能对属性进行交互解释与处理。叠合显示多种属性可以相互得到验证,也有助于识别和进一步证实地质特征,以进行更加可靠的评估(见图10.10,彩图见附录)。但是,为了得到可靠的结果,在对每一种地震属性进行评估时,需要得到井数据和工程数据的验证。这是一项多学科的合作工作,不是简单地应用哪一种软件就可以达到目标的,尤其是与油藏管理有关的问题,其中地球物理学家的声望和管理层面的职能占据关键位置。

(a) 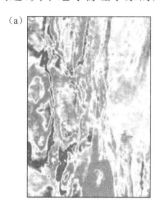 (b)  (c)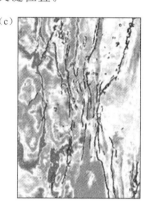

图10.10　综合显示多种属性切片可有效进行油藏表征。(a) 振幅切片;(b) 相干体切片;(c) 振幅和相干体的叠合切片。其中不连续体(黑色)表示断层和不渗透性障碍体,这有助于进行油藏表征以得到流体的流动模式。(得到位于Calgary的TGS所属部门ASS的许可)

10.4　属性分析的局限性

为了从地震属性分析中得到可靠而有意义的地质信息,地震数据需要具有较高的分辨率和信噪比。地震数据通常频带较窄,有时需要进行扩频处理。数据处理人员需要具有丰富的经验和较高的专业技能,以便对数据进行合理调整,需要进行去噪、去除采集脚印、校正到零相位、带宽扩展和真振幅保持等工作。简单的显示模式的调整、比例尺的选取以及颜色的混搭使用有时也很重要。最终,在进行属性处理和分析之前,需要考查数据质量是否适合特定目的的处理方式。

地质环境和深度会影响岩石和流体的性质,这在很大程度上决定了地震反射信号的特征。对不同的沉积环境和构造环境来说,其反射模式差别很大。即使在指定长度的井段内,砂岩和页岩也会具有不同的岩石物理性质,从而会产生不同的地震反射。属性分析需要有井数据的校正才能变得可靠而有效。属性解释的结论并非唯一,解释人员的观念不同,在同一幅属性平面图中可能会得到不同的地质结论。需要将地震推理结论放在本区域真实的地质框架下进行验证。例如,一个属性模式被解释人员看成是河道,将其叠放在古构造图的框架上进行分析,如果河道的几何形状和水流方向与地层倾角相反的话,就不能接受这种解释。

提取属性容易但是解释困难。在选取特定的属性进行分析之前,解释人员需要了解属性处理方法的特点,以及其中隐含的假设,更为重要的是对地质情况的适用性。如果属性与目前的勘探开发目标没有密切的关联,这种属性提取与分析就没有意义。各种技术的熟练程度、解释人员的经验、与处理人员的协调程度,这些都是得到有效结果的保证,这样才能得到真实而有价值的属性。

参考文献

1　ANSTEY N A,1977. Seismic interpretation:the physical aspects. Massachusettes:IHRDC of Boston:3-1 to 3-19 and 3-54-85.

2　CASTAGNA J P,SUN S,2006. Comparison of spectral decomposition methods. First Break,24:75-79.

3　CHOPRA S,2001. Adding the coherence dimension to 3D seismic data. CSEG Recorder,26(1):5-8.

4　CHOPRA S,MARFURT K J,2006. Geophysicists Distinguished Instructor Short Course:Seismic attribute mapping of structure and stratigraphy. Tulsa,Oklahoma:Society of Exploration Geophysicists:1-131.

5　CHOPRA S,MARFURT K J,2007. Seismic attributes for prospect identification and reservoir characterization. Tulsa,Oklahoma:Society of Exploration Geophysicists:46.

6　EBROM D,2004. The low-frequency gas shadow on seismic sections. The Leading Edge,23(8):772.

7　PARTYKA G,GRIDLEY J M,LOPEZ J,1999. Interpretational applications of spectral decomposition in reservoir characterization. The Leading Edge,18(3):353-360.

8　RIJKS E J H,JAUFFRED J C E M,1991. Attribute extraction:an important application in any detailed 3-D interpretation study. The Leading Edge,10(9):11-19.

9　ROBERTSON D J,NOGAMI H H,1984. Complex seismic trace analysis of thin beds. Geophysics,49(4):344-352.

10　SIGISMONDI M E,SOLDO J C,2003. Curvature attributes and seismic interpretation:case studies from Argentina basins. The Leading Edge,22(11):1122-1126.

11　TANER M T,KOEHLER F,SHERIFF R E,1979. Complex seismic trace analysis. Geophysics,44:1041-1063.

12　WIDESS M B,1973. How thin is a thin bed?. Geophysics,38(6):1176-1180.

第十一章　地震正演与反演

地震正演模拟是利用计算机确定出一个给定地质模型的地震响应,可以是一维也可以是二维和三维的,可以是构造模拟也可以是岩性模拟。合成地震记录是最简单的正演形式,也是最常见的一维地震响应模拟。本章通过示例介绍正演模拟在实际中的应用情况、所发挥的作用及其局限性。

反演模拟是正演模拟的逆过程,是从地震数据出发得出地下地质模型的过程。地震反演将地震反射信号转换成反射系数或地层阻抗的过程。这为利用阻抗这种地层性质来解释地震数据提供了一个强大而有效的工具,而传统地震反射振幅所对应的仅仅是地层界面的性质。反演出的阻抗剖面的分辨率提高了,从中可以得到储层岩石和流体的物性参数,从而能够将此输入储层模拟和流动模拟当中,是储层管理和解释工作中的必要信息。

本章也介绍其他几种与阻抗有关的反演技术及其预测能力,并给出地震反演的缺陷和不足。

地震反射勘探法利用来自地下的响应来提供二维或三维地下成像。一维地震响应就是一个地震道,可以简单地看作是震源子波信号与地下界面反射系数的褶积结果。地球科学家在面对地震数据体时,希望从中找到油气存在的线索,这是一项充满了挑战性的工作。解释人员希望理解地震数据中的传播时间、阻抗、反射系数和振幅,以便预测地下的地质情况和含油气情况,地震正演就是这样一个工具,可以实现上述目的。

地震正演模拟是利用计算机确定出一个给定地质模型的地震响应。地震波从地面震源出发传播到地下的岩层界面处再被反射回地面的检波器,通过模拟这一过程就得到了一幅合成地震记录剖面。计算地震响应结果的这一过程就被称为地震正演模拟。相反地,从观测到的地震数据结果中破译出地质模型的过程就被称为反演模拟(见图11.1,彩图见附录)。

模拟地震响应时,可以使用实验室里面的实物模型,也可以使用计算机数值模型,岩石的物理性质是数值模型的输入参数。尽管实验室里面的物理模型是实物而且模仿了实际的地下情况(见图11.2,彩图见附录),但是得到的响应却并不等同于地面记录到的实际地震图像。这主要是因为在实验室内模拟地下地质情况时具有很多的限制因素,与自然界中的实际情况是不同的。最主要的挑战也许就是实验室内所使用的模型与真实地质模型的尺度存在着巨大的差异。因此,工业界中实际上最常用的还是数值模拟。

利用模型来模拟地下的地震响应,在地震领域有多方面的应用价值。在地震数据采集阶段会广泛应用地震正演模拟来优化设计采集参数,在地震数据处理阶段则有助于测试和验证处理算法。通常,解释人员会利用正演模拟来更好地理解所观察到的地震响应,以便将

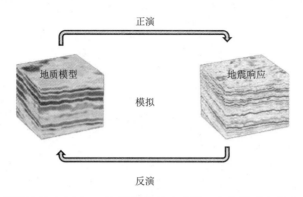

图 11.1 地震模拟的示意图。正演模拟是从地质模型出发得到地震响应,而反演模拟是从已知的地震响应出发得到地质模型。(得到位于 Calgary 的 TGS 所属部门 ASS 的许可)

图 11.2 休斯敦大学的海洋声学物理模拟系统。水槽中安装有定位装置、一个测量设备和许多接收设备。利用声波发射和接收设备,在水槽内可以模拟海上实验。(图片得到休斯敦 AGL 的许可)

地下地质的变化与地震响应的变化对应起来,这有助于确定地层岩石和流体性质的变化情况。

用于解释过程的模拟包括建立一个地质模型来解决构造问题或是岩性问题,尤其是在地质情况较复杂的地区,这有助于验证解释结果的正确性,比如油气直接指示因子的真实性。建立的地质模型可以是构造性的,也可以包含岩性参数。根据研究的目的不同,可以计算得到一维、二维或三维的地震响应。一旦给定了模型的输入参数,就可以计算出地震响应,并与实际记录到的地震数据进行比较以得到二者的最佳匹配。一般都需要进行多次迭代计算与对比分析。或许每一次都会得到二者之间的偏差,这时就需要适当地调整模型参数,重新计算地震响应并与实际记录进行比较,直到二者之间的匹配达到满意。

11.1 地震正演模拟

11.1.1 一维模拟(合成地震记录)

最基础和最常用的正演模拟就是制作合成地震记录,即一维地震响应。合成地震记录实际上是一个垂直入射情况下的地震道,经由一系列深度点处的反射系数计算而来。利用测井得到地下岩层界面的反射系数序列,与一个适当的子波进行褶积就能够得到合成地震记录,之后就可以与野外记录到的地面地震道进行比对了(见图11.3,彩图见附录)。我们曾经在第三章中介绍过制作合成地震记录的目的、流程、过井点处地震剖面匹配所面临的难题,并分析了二者不匹配的原因。一个精心制作的合成地震记录能够与实际记录到的地震道有较好的匹配关系,不仅能据此预测井中岩层界面的地震响应,也可以对采集到的地面地震数据的质量和分辨率进行控制。合成地震记录这种一维模拟在常规性的连井校准中得到了大规模的应用,良好的井震匹配关系是此项工作的目标。但是也有井震匹配较差的情况,这时候就要分析二者不匹配的原因,因而校准是一项不容忽视的工作。通过不匹配分析可以在很多方面得到新的认识并寻求解决方案,如钻井位置的确定、声波测井问题的识别以及地震数据处理效果的评价等。

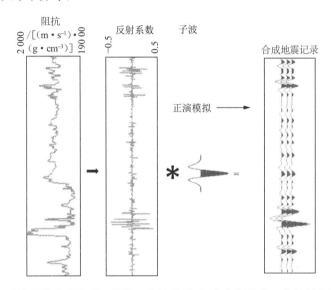

图 11.3　正演模拟的流程图。给定一个地质模型,由此定义出一个反射系数序列,与一个给定的震源子波进行褶积就得到了地震响应,即合成地震记录。将声波测井曲线和密度测井曲线相乘就得到了阻抗测井曲线,进行求导计算即可得到反射系数序列。(得到位于 Calgary 的 TGS 所属部门 ASS 的许可)

　　在地震正演模拟计算中,有时会用到一个给定主频的 Ricker 子波。这是一种零相位的具有对称形状的子波,其最大振幅位于零时刻,即地震子波到达的时刻[见图 11.4(a)]。Ricker 子波的实现操作简单、分辨能力较高且能够为后续的层位拾取(利用波峰/波谷)带来便利。但是在地震采集中通常会使用炸药震源,这会产生一个最小相位的子波,其波形是非对称的,能量集中在较早的到达时间段[见图 11.4(b)]。与零相位子波相比,这个子波的持续时间较长,因而分辨能力较差。地震解释人员当然更喜欢分辨率较高的地震数据,因此最小相位的地震数据会被处理成零相位的。可控震源不存在上述问题,因为它会产生一种零相位子波,即 Klauder 子波。但是有时候人们会倾向于使用激发之后经测量而得到的震源子波,在海上地震调查实践中经常如此。现在通用的做法是从叠加地震数据中提取出子波,或者是利用统计方法来估算出子波,又或者是将过井点处的地震道与测井得到的合成地震记录进行比较得到子波。

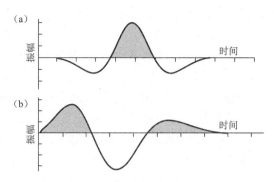

图 11.4　子波特性的图示。(a) 零相位子波是对称形状的,最大振幅位于到达时刻,常用于制作合成地震记录;(b) 最小相位子波具有非对称形状,能量集中在初始到达时刻(前置)。

11.1.2　构造和岩性的二维/三维模拟

1.构造正演

人们已知复杂构造地区会影响地震波的传播,会造成地震成像质量变差,这为后续的解释带来了挑战和不确定性。地下界面的弯曲和地层的分层会造成以下几个方面的地震波传播问题:(1) 聚焦和散焦效应;(2) 吸收损耗和透射损耗;(3) 层间多次波;(4) 严重的近地表速度异常;(5) 产生转换波。这些都会使问题变得更加复杂而造成成像质量变差。同时,在构造变形严重的地区,比如褶皱带、推覆带、陡倾角地层、由推覆而造成的异常复杂的构造、逆掩断层及相关的分支断层,加上速度的频繁改变,都会造成地震波传播受阻,造成成像模糊,从而不能够正确地刻画地下情况。在超压泥岩底辟和盐岩底辟地区,通常会存在近乎垂直的地层,与周围地层存在强烈的速度差异,地震波在这种复杂地区的传播也会受阻。在气烟囱之下和盐体之下的区域,地震成像的质量也很差,不能够正确反映盐体的几何形状及相关的油气圈闭。其他成像较差或无法成像的地质情况还包括较厚的高速侵入岩层之下的成像,以及断层下盘区域的成像,通常被称为断层阴影区域。

利用二维和三维地震正演模拟,通过剖析地震波传播过程中的问题,来理解复杂构造形变区域的成像问题,使得地震在刻画地下地层几何形态方面可以发挥更大的作用。利用模拟得到的地震响应结果,可以研究密集褶皱带、逆断层和底辟等不同的构造形态,测试哪一种几何构型与实际地震记录的匹配效果最好,这样在解释时可以减少不确定性。图 11.5(彩图见附录)给出了一个盐底辟及其侧翼毗邻地层的深度域模型及模拟得到的地震响应结果,这是一种常见的油气圈闭。正演模拟得到的地震传播时间和振幅反映出了底辟侧翼及周围毗邻地层的几何形状。侧翼顶部由于地层的倾角较陡,成像质量出现了一定的恶化,这也是符合预期的。

2.岩性正演

岩性模拟变得更加复杂了,因为需要在模型中输入大量的参数。除了需要确定地质模型的几何形态,还要设定好地层岩石和流体性质参数的变化,如孔隙度、流体性质及其接触面、地层厚度及速度的横向变化。图 11.6 是一个岩性-构造复合圈闭的模型及其地震响应结果,这是一个背斜圈闭,它的顶部及左翼是粉砂岩,它的右翼则是含气砂岩和含水砂岩。模拟得到的振幅清楚地反映了饱水砂岩和饱气砂岩的不同,只是没有反映出左翼存在的断

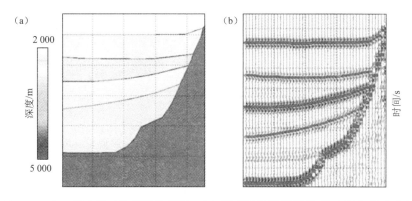

图 11.5　一个二维地震正演模拟的例子。(a)深度域的地质模型,给出了与盐底辟相邻的地层;(b)从模型中计算得到的地震响应。制作这样的地质模型并计算其响应时间、振幅以及底辟侧翼和相邻地层的反射几何形态有助于理解真实的地震记录。底辟侧翼的上部,由于地层变陡,成像质量较差。(得到位于 Calgary 的 TGS 所属部门 ASS 的许可)

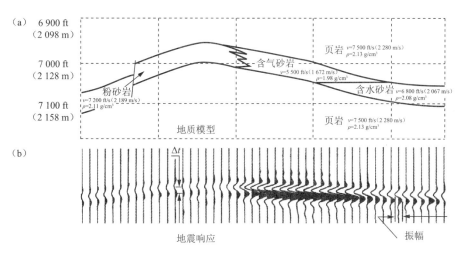

图 11.6　一个岩性-构造复合圈闭岩性模拟的例子。(a)在背斜构造的右翼是一个低阻抗的含气砂岩,其下部是含水的,且存在一个气水接触面,向构造顶部的方向岩性变为粉砂岩,对此模型进行地震正演模拟有助于解释地震观测数据;(b)计算得到的地震响应结果。注意,岩性模拟中模型输入参数的数量大为增加。(根据 Schramm 等,1977)

层,这是断距太小的缘故。图 11.7 是另外一个应用实例,高振幅异常被认为是饱气砂岩地层的反射结果,为了对此验证而进行了正演模拟。为此构建了三种可能的地质模型,具有不一样的岩性和饱和流体设置,对此进行了正演计算,并与野外地面地震剖面进行了对比。模拟结果与地震剖面可以达到最佳匹配的就是最合理的答案,即振幅异常是由钙质页岩引起的[见图 11.7(c)]。很多情况下,解释人员受限于不能接触到叠前数据,这时候正演就有助于帮助验证 DHI 的合理性。为了从地震剖面中振幅和波形的细微变化来预测储层参数的变化,人们就需要正演来指导和验证解释结果。

　　在地震二维和三维正演模拟的过程中,需要建立一个深度域的地质模型,输入每个地层的密度和速度参数,并选取一个地震子波进行褶积以得到地震响应。需要输入的其他信息还包括上覆地层的速度函数,以便将深度域转换成模拟结果的时间域,以得到每一个反射界面的双程传播时间值。在二维正演过程中,利用射线追踪程序可以快速得到地质模型的时

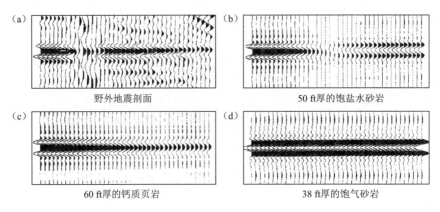

野外地震剖面   50 ft厚的饱盐水砂岩

60 ft厚的钙质页岩   38 ft厚的饱气砂岩

图 11.7　用于验证 DHI 的地震正演模拟示例。(a) 野外地面地震记录。推测可能是含气砂岩地层的响应结果。(b)、(c) 和 (d) 代表含有三个地层的层状地质模型的响应结果,但地层的具体厚度和其中含有的流体性质是不同的。(c) 中的地震模拟结果与野外地震记录的对应关系最好,据此可以将观测到的高振幅解释为钙质页岩地层。(根据 Neidell,1986)

间表示,进行简单的褶积即可得到正演结果。在构造复杂地区的三维正演模拟过程中,需要进行更加复杂的波动方程模拟,以得到更准确的地震响应结果。在基础研究项目中,三维模拟的使用频率最高,可用于设计、检查和验证地震处理算法。波动方程模拟可以处理地震波传播中的各种问题,如折射、衍射和衰减,但是需要对其结果进行偏移和其他必要的处理步骤才能得到准确的模型响应结果。在一般的解释流程中很少进行波动方程模拟。

原则上,在进行如 3C/3D 和时移 3D 以及宽方位角调查等昂贵和复杂的地震采集之前需要进行正演模拟(Chopra 和 Marfurt,2002),以用于解决特定地质问题或工程问题。通过更改测线长度、面元尺寸和覆盖次数等关键采集参数,可以模拟不同采集观测系统下的地震响应结果,并对这些结果进行评估,从而有助于确定成本效益最佳的调查参数。先进的数据采集技术有时并不能给出所期望的地质信息,也许是因为没有针对特定地质目标而专门进行设计,也许是因为采集观测系统的参数设置得不够恰当。

11.2　地震正演模拟的局限性

为了在模型—实际间得到一个满意的的匹配结果,选取合适的子波是正演模拟计算中的关键一步。若使用 Ricker 子波进行计算,对于隐蔽地层模型或复杂地层模型来说,可能不会得到与实际记录相匹配的结果,这时必须使用一个更加合理的子波来进行褶积计算。原则上,需要根据目标深度处的实际地震波形来提取地震子波。虽然地面已知震源子波,但是在传播过程中其波形会发生变化,在一定深度处很难确定其准确的波形。一般会从地震数据中进行统计分析来得到某一时刻的子波,如果有测井资料的话,还要利用测井数据对子波进行校准。尽管如此,离开井点处,所提取出的地震子波可能仍然与实际的地震子波差别很大,这是因为地震波在传播过程中其衰减也会出现横向变化,受多次波的干扰,近地表条件出现变化以及数据采集参数发生变化等。另外,在利用岩性模拟进行油气储层表征时,模型中所输入的大量的地质参数是否合理,其物理意义是否明确,这些都是制约正演模拟成功与否的因素。很多情况下,对速度的横向变化缺乏必要的了解,会导致正演结果的不准确。另外还需要指出,正演所提供的结果并非是唯一正确的,因为不同的地质模型可能会得到相同的地震响应结果。

11.3 地震反演

如图 11.3 所示,正演模拟是将测井曲线作为模型输入,计算出的地震响应作为输出结果。反过来,将地震响应作为模型输入,计算出的阻抗作为输出结果,也就是正演结果的逆过程,这被称为反演模拟。如图 11.8(彩图见附录)所示,从地震数据出发,反演得出地下地质模型(也可参考图 11.1)。

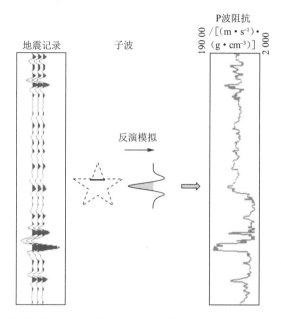

图 11.8 地震反演模拟的工作流程图。实际上是制作合成地震记录的逆过程。地震正演模拟是从地质模型出发得出地震响应,地震反演模拟是从地震响应出发得出地质模型。(得到位于 Calgary 的 TGS 所属部门 ASS 的许可)

从地震数据反演得到地质信息是地震技术的一大进步,尤其是对油气勘探开发来说意义重大。地震反演能够提高地震分辨率,给出地层岩性的具体信息,这是常规地震叠加剖面所不能提供的。地震反演的类型有:(1)基于算子的反演;(2)递归的反演;(3)基于模型的反演;(4)地质统计(随机)反演。

11.3.1 基于算子的反演

在吸收、散射和折射等物理机制作用下,地震波在地下传播过程中会发生振幅和频率的改变,即波形发生变化。为了得到真实的振幅和频率响应,以便反映地层界面和地层岩性的情况,需要对地震波传播过程中的各种作用效果进行校正。在地震数据处理过程中,可以从某种程度上消除这些物理作用,如地震波的吸收衰减补偿、反褶积和偏移处理。在反转这些物理作用时,都利用了基于算子的数值反演,它是地震数据处理流程中不可或缺的,能够提供用于解释的可靠数据。不过,基于算子的补偿方法并不能完全抵消上述物理作用而恢复真实的地震反射特征。我们希望将地震波传播这一物理过程真正地反转过来,但这无论如何都是不现实的。

11.3.2　递归反演

递归反演是最早和最简单的反演类型。递归反演假设地震振幅与反射系数成正比,据此将地震道作为输入,计算出的声阻抗道作为输出。但是,这种假设并不是完全合理的,因为子波的影响没有被消除掉。子波的旁瓣效应(子波是有一定长度的)并没有被去除,这影响了分辨率,同时,地震数据的带宽也限制了反演的分辨率。因此,与常规的地震数据剖面相比,其反演结果并没有得到多大改善。相反地,如果能从地震道中去除掉子波的影响,就能够得到一个频带较宽的反射系数序列,这种思路类似于反褶积。但是,去除子波以得到一个满意的反射系数序列,其求解过程和结果都不是唯一的,可以得到多个地质结果。为了克服这个数学上的难题,在某些反演方法中,需要利用地震带宽内最可能的解来构建一个先验模型,以此来约束反演过程。

11.3.3　基于模型的反演

地震解释的一个重要方面就是从地震属性中提取与储层岩性和流体有关的信息。一种途径就是通过反演将记录到的地震数据转换成阻抗和速度,这是岩石的基本物理参数,据此可以推测岩性和流体类型。基于模型的反演实质上是一种确定性反演(与随机反演相对应,确定性与随机性是概率论的术语),利用先验模型(井数据)的约束来反演地震道,其目的在于提高分辨率。随着反演技术的革新与进步,也可以预测出其他的岩石物理参数,如泊松比、不可压缩系数、剪切模量(或称刚度)和杨氏模量等,这为预测岩石—流体性质提供了更多的信息,可以更好地进行地球科学和工程方面的评估工作。由于具有很好的效率和质量,多数油气公司目前都在使用地震反演来提高地震数据的分辨率和可靠性,以提高孔隙度、油藏厚度和流体饱和度的预测精度。

11.3.4　地质统计(随机)反演

叠前地震数据和叠后地震数据都可以进行地质统计反演,求解结果不是确定性的,而是概率性的,以此来估算离开井点处的储层性质,这也是油藏模拟中的关键输入数据。这种反演综合利用了不同来源的多学科数据,可以得到许多可能的地质模型,每一个都能够与地震数据和井数据对应起来;也可以量化分析结果的不确定性。预测得到的地质模型会受到地震数据、区域地质统计结果以及井中得到的高分辨率声阻抗数据的约束,能够符合本地区已知的地质规律。

实际上,根据井数据可知地层参数的取值范围,据此可以制作出许多地质模型并计算出地震响应结果,以此与观测到的地面地震记录相比较。通过迭代将计算结果与实际地震记录的误差降到最低,这样就得到了最终的反演模拟结果。有时会将大量的输入地质模型进行平均以得到一个最完美的地质模型(Cooke 和 Cant,2010),这样做就接近确定性反演(基于模型的反演)了。

11.4　岩石—流体性质与地震反演

界面上下的地层存在阻抗差时才会产生地震反射。但是,观测到的振幅变化可能是由界面之上地层的岩性变化而引起的,可能是由界面之下地层的岩性变化而引起的,也可能二者都有。振幅属性仅局限于界面的性质,而阻抗(密度和速度的乘积)是地层的特有性质,可以从密度测井曲线和声波测井曲线得到阻抗信息。因此,既然阻抗是地层的一种性质,地震振幅也就是地层的一种属性。如果想要对薄层的地震数据进行量化解释,最好是使用地层的属性(阻抗),而不是界面的反射振幅属性。地震反演能够达到这一目标,它能够将地震反射转换成反射系数或阻抗。

可以利用叠前地震数据或叠后地震数据进行地震反演,多数反演方法都会利用测井数据建立起一个先验模型。有了先验模型的约束,不仅提高了反演的分辨率,也提高了反演结果的可靠性,在油藏物性参数预测中会增强信心。下面简要介绍可用于定量预测岩石物理性质的具体的地震反演方法,包括层速度反演(VP)、声阻抗反演(AI)、弹性阻抗反演(EI)、同时反演(SI)、密度反演和 AVO 反演。

11.4.1　层速度反演

层速度反演已有几十年的历史了,也是最简单的反演形式。界面的反射系数可以简单地表示为

$$R_c = (v_2 - v_1)/(v_2 + v_1) \tag{11.4}$$

这里忽略密度的影响(假设各个地层的密度都为单位常数)。如果将叠加地震数据的振幅看作是垂直入射反射系数 R_c 的一种换算值,就可以将地震道看成是 R_c 随时间的变化曲线。如果已知第一层的速度为 v_1,根据式(11.4)就可以求出第二层的速度 v_2。同样地,可以依次计算出接下来每一个地层的速度,这样就得到了地层速度随时间的变化曲线。利用特殊的处理手段将带宽扩展之后,速度反演实际上是将随时间变化的反射系数地震道转换成随深度变化的连续速度测井道(CVL),看起来就像是一个声波测井曲线道一样。这种伪声波测井曲线被称作"地震测井"(Lindseth,1979),它具有更高的分辨率,可以提供有关岩性和孔隙度横向变化的信息,便于层位追踪和岩性解释(见图 11.9,彩图见附录)。但是,随着阻抗反演技术的进步升级,目前已很少使用层速度反演了。

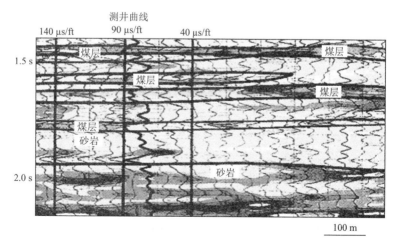

图 11.9　层速度反演示例。将地震道转换成"地震测井道",其中地震振幅被反演成了层速度。反演结果中的每一个地震道都好像是一个声波测井曲线道,因此地层性质的解释变得更加便捷而准确。反演速度与井中得到的声波测井曲线(黑色粗线)具有完美的一致性。(根据 Mummery,1988)

11.4.2　声阻抗反演

叠后垂直入射地震数据的声阻抗反演相对简单,不过只能计算出 P 波阻抗(即声阻抗)。反演前一般会根据测井数据构建出一个先验的声阻抗模型。将声波测井和密度测井相乘就可以得到声阻抗曲线,进行求导就可以得到反射系数序列,从而可以统计得出地震数据中的子波。利用测井数据得出的反射系数序列模型和子波进行褶积就模拟出了地震响应,可以将其与实际记录到的地震数据进行比较。一般都需要对初始模型进行迭代更新,直到与实测地震数据相吻合为止,此时也认为估算出的子波是合理的。利用这个子波就可以对整个地震数据体进行反演以得出阻抗体了。

在反演过程中会进行扩频处理,将地震有限的带宽进行扩展,增加低频和高频成分,以提高阻抗剖面的分辨率。低频成分刻画出了阻抗或速度的总体变化趋势,一般会从测井数据中得到低频信息,将其融入反演阻抗数据体中以进行关键的量化解释(见图 11.10)。如果没有井数据可以利用,也可以从叠加地震数据中得到低频信息,将此作为先验模型输入反演当中。如果地震数据中缺乏高频成分,反演结果就不能很好刻画薄层了。根据得到的子波进行反褶积处理就能够突出微弱的高频成分,从而达到扩展带宽的目的。

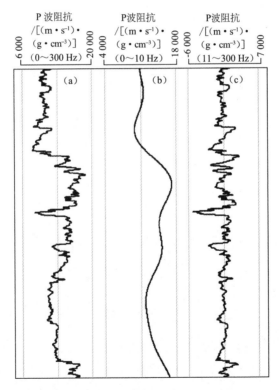

图 11.10　对一个从测井得到的阻抗曲线进行滤波。(a) 宽带阻抗曲线(0~300 Hz);(b) 低通滤波后(0~10 Hz);(c) 高通滤波后(11~300 Hz)。低通滤波后的曲线(0~10 Hz)反映了平缓的速度大体上的变化趋势,是反演中不可或缺的信息,这样才能将反演结果与井中得到的阻抗曲线进行匹配。高通滤波后的曲线(11~300 Hz)反映了精细的速度变化,但是缺乏整体上的变化趋势。(得到位于 Calgary 的 TGS 所属部门 ASS 的许可)

利用声阻抗剖面可以很方便地进行岩性识别和对地层细节进行分析,也能够很方便地将其转换成油藏物性参数,如孔隙度、流体饱和度和产油层有效厚度。图 11.11(彩图见附录)是叠后地震剖面和声阻抗剖面。根据测井曲线计算出了一个阻抗曲线,将其插入两幅剖面中以作质量控制。此曲线与两幅剖面的匹配程度很高,这为阻抗数据的制作和解释带来了信心。因此,从三维地震数据体中反演出阻抗数据体,便于直接进行三维地质体的解释。

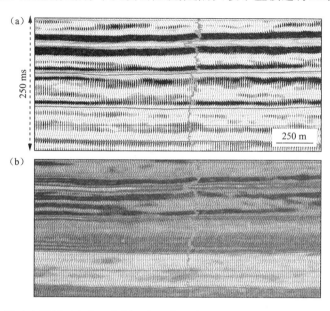

图 11.11　叠后地震剖面和声阻抗剖面的比较。声阻抗剖面(b)是从叠后地震剖面(a)中反演得来的。将测井得到的声阻抗曲线插入两幅剖面中进行验证,可以看到与反演得到的阻抗具有较好的一致性。在声阻抗剖面中,薄层的横向变化特征非常清晰,预测起来也更有把握。(得到位于 Calgary 的 TGS 所属部门 ASS 的许可)

11.4.3　弹性阻抗反演

弹性阻抗反演是一种更高形式的基于叠前角度道集的反演。弹性阻抗反演利用近角度道集和远角度道集之间存在的振幅变化来提取地质信息。拾取位于井点处的 CMP 道集,将不同角度范围的道集进行叠加以得到部分叠加道集。如果已知 v_P、v_S 和密度测井数据,就可以计算出不同入射角的弹性阻抗道了。对一个部分叠加道集,可以估算出其所对应的地震子波以便制作合成地震记录。将测井曲线(弹性阻抗曲线)合成得到的模拟地震道与部分叠加地震道进行比较,以对反演结果进行评估。但是,这其中存在一些实际困难。近偏移距地震道的振幅与声阻抗有关,可以与合成地震记录或测井曲线进行匹配。而远偏移距或大角度地震道没有相应的测井曲线或合成地震记录可以进行比较,因为无法进行这样的测井。

从叠后地震数据中只能得到垂直入射情况下的 P 波阻抗(即声阻抗),弹性反演则可以同时得到近角度和远角度的 P 波阻抗。近角度道集的振幅和传播时间含有构造和地层信息,远角度道集则包含了岩性和流体信息。与只利用声阻抗数据相比,同时分析近角度道集和远角度道集可以得到更多的有用信息。

11.4.4 同时反演

利用叠前角度道集进行反演可以得出 P 波阻抗,据此可以表征岩性、孔隙度和储层所含流体的类型。不过,在分析中引入 S 波阻抗可以更准确和可靠地进行预测。联合分析 P 波阻抗、S 波阻抗、v_P/v_S 以及密度信息有助于降低油藏表征中对各个参数的预测风险(参见第九章)。可以通过同时反演(SI)达到这一目的,这项技术利用角度部分叠加道集(或称有限长度偏移距部分叠加道集)来反演 P 波阻抗、S 波阻抗和密度。利用同时反演结果可以更可靠地预测油藏的岩石—流体性质,这是油藏模拟中的关键输入信息。同时反演特别有助于区分油气储层、饱水砂岩地层和页岩地层,利用单一的地震属性或许无法解决这一问题。反演出的 P 波阻抗剖面的分辨率会很高,而且,利用同时反演得出的 S 波阻抗有时能够识别出上超、顶超,适用于界面两侧 P 波阻抗差较小的情况。

11.4.5 密度反演

在 P 波阻抗、S 波阻抗和密度这三个最重要的参数当中,从地震数据中最难定量反演出的就是密度参数。体积密度与重要的油藏参数(如孔隙度、流体类型和饱和度、岩石的矿物成分及泥质含量)都有关系,准确预测出密度可以提高油藏表征的效果。对于含油砂岩和页岩,有时二者的 P 波阻抗差异不大且 v_P/v_S 的值又比较分散,很难靠这两种属性进行油气识别,那么密度就能够派上用场了。

储层内密度的变化可以造成明显的 AVO 效应,即振幅随偏移距的变化(Quijada 和 Stewart,2007)。在大入射角(40°)的情况下,已知横波反射(P-SV 转换波)要比 P 波反射对界面两侧的密度差异更加敏感,即振幅随偏移距的增加而变大。因此,利用叠前的大偏移距数据进行反演就可以得到密度信息。但是,一般不会采集到大入射角的地震数据,即便有,其数据质量也都比较差,甚至有噪声,很难进行有意义的分析。少量的噪声就会破坏密度反演的可靠性,因此密度反演仍然是一项艰巨的任务。

11.4.6 AVO 反演

我们在前面的第九章中介绍过基于振幅、截距和斜率的 AVO 属性分析。AVO 反演也可以给出泊松比(或 v_P/v_S)参数。利用 Zoeppritz 方程可以正演模拟一个储层的 AVO 响应,其中界面两侧的 P 波阻抗、S 波阻抗、密度和泊松比是由测井数据得到的。相反地,利用叠前地震数据进行 AVO 反演也可以得到泊松比数据,不过需要利用测井数据制作出一个初始地质模型以便对反演进行约束,并给出随角度变化的地震反射系数序列、AVO 截距和斜率。利用同时反演技术可以给出泊松比参数。一旦得到了 P 波阻抗、S 波阻抗和密度数据,就可以计算出其他弹性参数了,如 v_P/v_S、$\lambda\rho$、$\mu\rho$、杨氏模量(硬度)和泊松比数据体。这一过程被统称为 AVO 反演,这是一项综合利用多学科数据的强大技术方法,包括地震、地质、测井、岩石物理和岩石学。

尽管有多种反演技术可以利用,选取哪一种特定的反演技术需要根据地质目标和手头现有的数据而定。不管选用哪种反演技术,不论是递归反演、基于模型的反演还是地质统计反演,得到的阻抗数据体都具有无可比拟的优势,其带宽得到了扩展,分辨率得到了提高,也提高了真振幅的可信度,为预测地层参数提供了保证,为进行综合地质解释提供了便利。但是,既然反演过程是将地震振幅转换成阻抗,在处理过程中尤其需要注意保持振幅的可靠性,以使振幅能够反映真实的地质参数。因此地震数据需要不含多次波,消除采集脚印和相干噪声,信噪比要高,偏移归位正确以及没有其他的缺陷。

11.5　地震反演与油藏模拟和管理

地震反演在工业界得到了广泛应用,不仅因为反演的实施比较便利,而且反演出的阻抗剖面的分辨率更高,能够提供储层更具体的信息。反演已经成了解释工作流程中的一个环节,用于油藏表征、流体监测、压力预测和弹性参数预测以及其他工程方面的应用。根据三维地震和四维地震反演得到岩石和流体参数,综合利用这些参数可以制作出更为具体的岩石物理模型,以此作为油藏模拟和流动模拟中的输入信息,在高级油藏管理领域有助于评估和降低风险。

11.6　反演的局限性

所有基于模型的反演技术实际上都有三个必不可少的组成部分:(1) 制作一个初始阻抗模型;(2) 提取地震子波;(3) 宽带地震数据。

尽管可以依靠测井数据(有些来自实测参数,有些是计算得到的)来制作一个合理的初始模型,但这仍然是一件棘手的事情,需要一定的经验。因为从不同的地质模型出发,可以计算得到相同的地震响应,反演结果就不可能是唯一的。很多情况下,模型中储层岩石和流体参数发生了微小的变化,尽管在数学上是已知的,但是在反演数据中却未必有所体现,即使在地层不太深并且地震数据质量很好的情况下依然如此。

准确的子波估算对制作合成地震响应来说是至关重要的,决定着地震反演的成败,子波的估算反过来又依赖于连井的精确程度。预测出的地震子波会决定地震反演结果的好坏以及接下来储层评估的质量。如果缺乏低频信息,转换出来的阻抗值(或速度)就缺乏整体的变化趋势,就只是相对值而不是绝对值,无法进行储层参数的定量解释。在连井过程中必须重视相位和极性的匹配。

地震数据有时并不绝对是零相位的,结果与井阻抗曲线相比时就会出现错位。这时需要对相位进行多轮次的校准工作,可以改变地震数据的相位来进行调整。密度的确定是另外一个问题,有时候想得到确切的密度数据似乎是不现实的,原因前面已经提到过了。反演过程对地震数据的质量特别敏感,如果没有处理好噪声的干扰或者是相位没有得到很好的校正,就不会得到满意的反演结果,另外反演也是一项综合了多学科数据的工作。

参考文献

1　CHOPRA S,MARFURT K J,2012. Evolution of seismic interpretation during the last three decades. The Leading Edge,31(6):654-676.

2　COOKE D,CANT J,2010. Model-based seismic inversion:comparing deterministic and probabilistic approaches. CSEG Recorder,34:22-39.

3　LINDSETH R O,1979. Synthetic sonic logs-a process for stratigraphic interpretation.

Geophysics,44(1):3-26.

4 MUMMERY R C,1988. Discrimination between porous zones and shale intervals using seismic logs. The Leading Edge,7(1):10-12.

5 NEIDELL N S,1986. Amplitude variation with offset. The Leading Edge,5(3):47-51.

6 QUIJADA M F,STEWART R R,2007. Density estimations using density-velocity relations and seismic inversion. CREWS Research Report,19:1-20.

7 SCHRAMM M W Jr,DEDMAN E V,LINDSEY J P,1977. Practical stratigraphic modelling and interpretation. AAPG Memoir,26:477-501.

第十二章　地震陷阱

　　并非所有的地震异常都与真实的地质情况有关。虚假的地震异常及其错误的解释常常会造成钻探的失利。这一现象一般被称为地震陷阱。这种误判可以出现在地震数据采集、处理和地质解释的过程中。本章依次讨论这三个过程中的陷阱,并举例说明一些常见的振幅陷阱和与速度有关的陷阱。

　　地震陷阱可能源自工作流程中的失误、主观偏见或者是急于求成地依赖基于计算机的快速解释;也可能源自天然地质系统的复杂性,比如地震波传播过程中的问题,基于时间的地震记录系统存在自身的局限性;以及地下地质体的复杂程度超出了现有技术的解决能力。本章会根据实例进行说明。

　　基于多学科数据,经验丰富且专业知识面广的解释人员可以进行综合解释,这样可以在很大程度上避免落入这些陷阱,但是想要完全消除误判是不可能的。

　　地质背景较简单时,如水平层状沉积地层,地震成像一般都能够反映地下地层的几何构造,解释起来也没有困难(见图12.1,彩图见附录)。但是,在地质构造复杂的情况下,比如在逆掩断层、平卧褶皱和盐/泥底辟等构造运动强烈的地带,或者是在陆架边缘和斜坡带等错综复杂的沉积背景下,地震成像就会与真实的地下地质情况有出入。复杂构造体、地层厚度和岩性的急剧变化、生长断层、翻滚断层及相关的分支断层会造成速度的急剧变化,这些几何构造都会给地震波传播造成问题,因而很难得到可靠的地震反射图像。成像偏差会造成异常假象,解释起来就很困难,很难得出明确的结论。这些地震异常可能与真实的地质情况无关,这些可疑的异常如果没有得到正确地解释,就会造成钻探失利。戏剧性的是,这会将解释人员置于陷阱当中,而不是盆地。这些给解释人员带来麻烦的地震异常一般被称为地震陷阱,在勘探程度较低的地区会经常遇到。

　　地震数据采集、处理和解释过程都会存在地震陷阱。地震解释如果突破了客观限制,有时也会掉入陷阱当中。很明显,为了避开这些陷阱,需要从全局把握地震技术的全过程,包括地震数据采集、处理、解释和地质知识,前三者简称地震API。Tucker 和 Yorston(1973)在其专著中将陷阱归纳为三类:(1)地层几何构造陷阱;(2)地震速度陷阱;(3)地震采集、处理和解释陷阱。前两类陷阱是由地质情况造成的(本章结尾将会对此进行介绍),有些复杂的地质情况甚至超出了当前地震技术所能解决的范畴。但是,第三类地震数据采集、处理和解释过程中的陷阱是人为可以掌握的,在很大程度上是可以避开的。

图 12.1　简单地质背景下的地震剖面。地震剖面能够反映地下地层的几何构造形态，解释起来也比较简单直接。（得到印度 ONGC 的许可）

12.1　地震采集和处理陷阱

有些可疑的地震异常来源于数据采集和处理过程中的技术限制或操作失误。地震记录到的振幅和速度是两个基本属性，利用其随时间和空间的变化来进行地质解释。但是这些属性在多大程度上能可靠地反映地层的岩性和流体的性质呢？地面记录到的地震振幅是最常用也是最重要的属性，与震源的类型和强度、地震波传播规律、地面记录设备有关。以陆上地震数据采集和炸药震源为例，炸药坑的深度选取是由爆炸周围的介质情况来决定的，近地表风化层的厚度和速度的横向变化情况如何，检波器是否真的是垂向放置以及与地表的耦合情况如何，这些都是影响地震振幅记录的重要因素。采集过程中任何一个小的疏忽都会产生振幅假象。另外，调查几何布局、震源激发方向和记录参数也许并没有按照地质目标的具体情况而进行过最优化设计，这样采集到的数据可能就不会达到所期望的质量。尽管当前的处理技术已经非常先进了，能够在很大程度上弥补上述采集问题的影响，但是不能根除上述问题。归根到底，如果数据采集过程中检波器与地表的耦合情况较差，又怎么能够得到满意的地震数据处理结果呢？幸运的是，陆上采集过程中出现的这些问题，在海上数据采集过程中几乎不会遇到，海上采集到的数据质量一般都会比陆上好很多。

速度是另外一个至关重要的地震属性，是地震勘探技术的基石。在勘探初期，将 CDP 道集叠加过程中得到的视速度（叠加速度）作为地震速度，并将这种速度应用到处理解释的各个方面。尽管也做了适当的校正，叠加速度仍然会受到反射信号质量、地层倾角和测线长度的影响。在对道集进行速度分析的过程中，速度拾取是很重要的工作，需要小心谨慎地进行。随着深度的增加，反射信号的质量一般会变差，一方面是因为信噪比变差，另一方面是因为速度拾取的客观性变差。有些解释人员觉得深度偏移是提高反射信号质量的灵丹妙药，但是如果从源头上记录到的信号质量就不好，无论是更高的叠加次数还是更先进的偏移叠加技术都很难改善数据的质量。尽管如此，人们还是从叠加速度中推导出层速度，并用于岩性的预测。叠加速度的拾取一般具有较强的主观性，对薄层来说，由叠加速度推导而来的层速度的客观性因此更低。尽管可以利用测井速度对地震速度进行校准，进而用于时深转换工作中，但是离开井点处，由于速度存在横向变化，其准确性仍然难以保证。一个准确的速度场对时深转换和深度偏移来说是至关重要的。具有讽刺意味的是，这一最重要的地震属性却也是最常见的陷阱源之一。

据 Tucker 和 Yorston(1973)的研究,陷阱大多数出现在二维地震数据采集的年代,许多问题都可以追溯到当时普遍存在的地震数据采集和处理能力的不足。当前的地震数据采集和处理技术已经有了长足的进步,能够对地下进行更好的成像,从而能够在很大程度上避免早期存在的与几何构造和速度有关的陷阱。利用当前的设备和技术可以进行常规三维和三维三分量地震数据的采集工作,也发展出了先进的针对三维地震数据体的处理技术,能够得到质量很高的地震成像。当前的地表一致性反褶积和静校正、多方位速度分析、一次性叠前时间和深度偏移以及信号解编和噪声压制技术使得在相对复杂的地质条件下也可以利用地震数据提供可靠和准确的地下成像(见图 12.2,彩图见附录)。但是,合理的地质解释仍然依赖于解释人员的专业知识、经验以及对沉积环境和构造运动模式的掌握。虽然今天的地震处理发展到了一定的高度,但是错误的解释仍然是不可避免的,这其中有解释人员人为方面的原因。数据质量也可能会高度依赖于处理参数的设置以及处理算法的选取上,对同一个地震数据,不同的处理中心可能会给出差异非常大的成像结果,在解释时就会得出不同的结论。解释人员需要警惕这种类型的处理陷阱,如果可能的话,最好是同时分析多学科的数据信息,以此来验证解释结果的合理性。

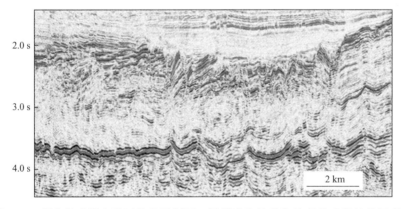

图 12.2　复杂构造形变地区的地震剖面。尽管当前的采集处理技术能够保证高质量的成像结果,但是地质解释仍然非常困难。可靠的地震解释依赖于解释人员的专业知识、经验和对沉积体系和构造类型的掌握程度。

12.2　解释陷阱

尽管目前地震数据的质量都很高,地震解释仍然会遇到重重困难且会落入陷阱。现在的陷阱可能与解释人员的判断力有关,也与所采用的整个解释流程有关。同一套地震数据,不同的人会有不同的解释,就会得出不同的结论。在观察地震图像时,人的主观认知在起作用,解释人员第一眼"看到的"特征往往是他的经验在起主导作用。由于这种经验在起作用,解释结果可能就会出现谬误,一幅解释人员信心满满地绘制出的地质特征图也许在地下根本是不存在的。尽管解释人员需要具有想像力和洞察力,但是避免主观偏见也很重要。从不同的角度分析、了解可能发生误判的原因,与同行讨论结果的合理性,寻求建议尤其是批评意见,这些都有助于避开明显的陷阱。

根据作者的经验,许多的陷阱都是因为急于求成地利用计算机工作站进行解释的结果,过分依赖迅速而功能强大的软件会带来不可预料的结果。工作站和软件当然是非常有用且不可或缺的,但这只是工具而已。在使用之前必须清楚这些软件的功能和局限性,需要提高警惕。解释人员需要根据地震数据的类型和质量选用合适的软件,因为大多软件都是针对特定地质目标而设计的。在软件算法中,也许会针对不同的地质条件而设定特别的假设,也许与本地区的地质特点并不相同。缺乏人为干预,工作站会过度依赖软件系统而不能提供合理的解决方案,可能会落入解释陷阱。这种解释一般缺乏地质、地球物理、岩石物理和工程数据的综合分析。综合解释会更加客观,这种高级的解释过程需要人的判断和评估。如果对解释结果进行验证,则需要新采集或重新处理地震数据,可惜的是,有时候这一要求很难得到满足,这会受到时间的限制,钻井合同也许已经规定好了最后期限。

一些常见的解释陷阱往往与个人的专业知识和经验有关,或许是没有全面掌握整个解释工作流程的缘故,比如对精细的连井对比这一关键步骤掌握得不够。对目标层位的识别和根据反射特征拾取反射轴来说,需要根据振幅、相位(波峰/波谷)、频率、波形和倾角来确定反射轴的连续性,需要确保所有反射特征的连续性,而不仅仅是根据相位和测线间时间的一致性就进行拾取。基于反射特征进行层位拾取可以更可靠地确定出储层的空间延展性。一般情况下,层位追踪都是自动完成的,因为这样更加快捷方便。但是,自动追踪无法识别反射轴不连续的地方,由于岩性和流体性质发生变化而引起极性变化的地方,以及反射质量较差的区域或连接区域。自动追踪陷阱会给出错误的构造轮廓线图,储层几何形状和储量估算都会出现问题。断层及其刻画是另外一个问题,此时需要人为地调整层位,自动追踪程序缺乏对断层整体的把握,从而会落入陷阱而绘制出假的构造图和圈闭图。

12.2.1　与振幅有关的陷阱

有的解释人员看到振幅就随意进行解释,而不去分析它的相位和极性,也不去了解本地区的地质背景和岩性情况,许多常见的陷阱就是这样发生的。自从亮点诞生以来,很多解释人员就觉得强振幅总是与含油气砂岩有关,而不管地质背景到底如何,基于这种鲁莽的分析就去推荐钻探井位。作为经验法则,深层年代较古老的岩层如果表现出了高振幅,令人遗憾的是,这反而不是油气存在的标志。这种高振幅异常可能是钙质砂岩引起的或是侵入岩地层引起的,在决定钻探前需要做全面系统的分析(见图12.3,彩图见附录)。图12.4(彩图见附录)是一个看起来非常像是河道充填沉积的高振幅深水沉积含气砂岩油藏,经钻探证实,只不过是黏土充填的沉积体而已,并没有发现油藏,事后证明这只是一个解释陷阱。这个强振幅可能是由黏土层与周围地层的密度差引起的。

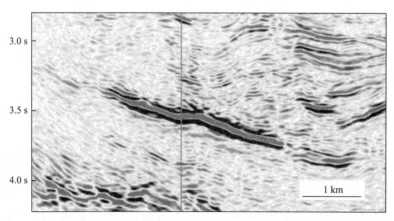

图12.3　高振幅异常陷阱的地震剖面。一个表面上看起来像是高振幅异常的地层被证实为一个侵入岩地层。(得到印度ONGC的许可)

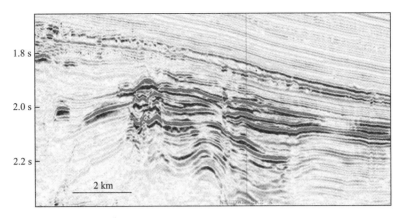

图 12.4 与振幅有关的陷阱的地震剖面。根据这些振幅异常而将其解释为海相河道充填含气砂岩,钻探后被证实为泥质充填。这些高振幅值实际上可能是由泥岩内部的密度差异而引起的。(得到印度 ONGC 的许可)

有时解释人员会过度信赖单独的一幅属性体切片图,而不与垂向剖面同时进行分析,这也会造成陷阱。在时间切片上发现了异常振幅,看起来像是含油气地层(比如河道及决口扇复合体),这时需要寻求更多的证据和合理的沉积学解释。解释人员需要具有辨别真实振幅异常和假的振幅异常的能力,比如采集过程中由于覆盖次数不均而导致的振幅异常,由数据处理过程中的失误而导致的振幅异常,由反射地层的几何构造或薄层而引起的振幅异常,包括振幅的聚焦增强和散焦弱化效应。有时候解释人员也会面对由客观条件限制而带来的困难,比如很难正确判断反射轴的极性以确定反射系数,以及反射轴确切的时间位置。极性是验证与薄的含油气砂岩地层有关的高振幅异常的关键性指标,但有时候很难在地震剖面中对极性进行确定。因此,有不少的例子显示,虽然有明确的 AVO 异常,但钻探后被证实是空井。如图 12.5(彩图见附录)所示,海相上新世地层中出现了两处高振幅异常,两个地层上下叠置,从剖面上看像是两个含气砂岩地层,钻探后表明,这实际上是含常规原油的砂岩地层。有趣的是,地震角度叠加道集显示,这两个砂岩地层的顶部都表现出了Ⅱn 类 AVO 异常(Nanda 和 Wason,2013),并且下部的那个砂岩地层在近偏移距时反射振幅几乎为零。但是,这两处砂岩地层在常规的叠后地震剖面中具有相同的特征,即都具有明显的振幅异常。这种例子当然是不可避免的,很多情况下,落入这种陷阱都是因为缺乏对岩石物理和地震剖面之间关系的正确理解。

12.2.2 与速度有关的陷阱

准确估算速度是最为重要的工作,这关系到油藏顶面深度和储层厚度的换算,任何差错都可能导致钻探失利。其中常见的陷阱是由速度预测误差引起的,从而导致了错误的深度换算。对评价井的钻探来说,如果实际钻遇到的油藏顶面的深度比预测的要深且只钻遇到了水层,即没有钻遇油层,那么此阶段的勘探成效就会大打折扣。确定速度的横向变化始终是一个难题,即使使用了深度偏移等现代技术,仍然充满了挑战。如图 12.6 所示,油藏的实际几何构造特征与时间域的地震面貌差异巨大,这是因为上覆层存在着一定程度的速度横向变化。因此,需要正确理解上覆层速度变化产生的地质原因,这样才能更好地进行深度预测。

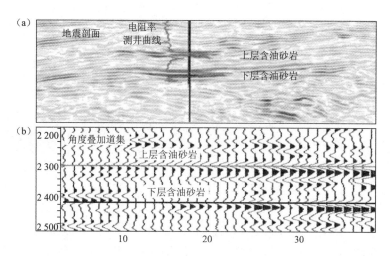

图 12.5　根据亮点预测为含气的储层在钻探后被证实为含油。(a) 展示含油砂岩所对应的高振幅异常(红色,负极性)的地震剖面;(b) 展示两个含油地层顶面Ⅱn 类 AVO 异常的角度叠加道集。注意,在近偏移距时,上部的含油地层的反射振幅很微弱,而下部的几乎为零,尽管在叠后地震剖面中,两个地层展现出了相似的高振幅异常。(得到印度 ONGC 的许可)。

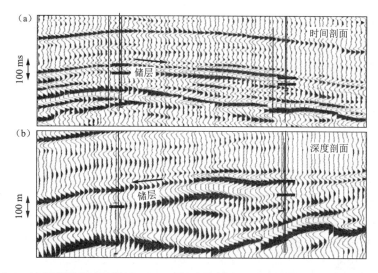

图 12.6　速度陷阱的地震剖面。(a) 时间地震剖面。左边的井处于圈闭的顶部,储层向右开始下倾(箭头所指),一直下倾到右边的井。(b) 深度地震剖面。从左边井向右边井的方向下倾的地层已不存在了,相反地,储层向右变成了上倾,到达右边的井时储层变浅了。注意,在深度剖面中,由于时深转换中的拉伸作用,反射形态发生了改变。(得到印度 Hardy 能源的许可)

　　与速度有关的陷阱可以归结于油藏上方局部存在异常低速区或异常高速区,比如存在高速碳酸盐岩丘体、低速泥岩充填的河道,这些都会造成严重的深度预测误差。这种现象被称为"时间异常""速度上拉/下拉"或"速度下陷"效应(见图 12.7,彩图见附录),需要引起解释人员的警惕(参见第三章)。对具有河道外貌形态的地震相来说,如果内部充填物呈现出连续而平行的反射轴形态,一般对应的是黏土沉积物。另外,"下陷"发生的位置如果是处在河道储层的下方,并且对更下方的反射层也造成了同样的下陷效应,从侧面也证实了这可能是一个陷阱。陷阱一般都具有负面效应,但是偶尔也会带来积极的结果,因为储层顶部实际上会比地震预测的要浅一些,就像这幅图中所展示的那样,最终发现的储量会比预计的高(Nanda 等,2008)。

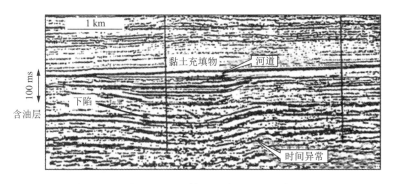

图 12.7 速度陷阱("时间异常")的地震剖面。储层顶面的实际深度比地震显示的更浅一些,实际储量因而会更大一些。储层之上具有河道的外貌,内部则是平行的反射形态,一般反映的是低速黏土充填物。河道内的低速沉积岩使下方的储层反射出现了"下陷"效应。(得到印度 ONGC 的许可)

总之,解释是一门科学艺术工作,通过反推得出问题的答案,但也会受到问题固有缺陷的限制,即解的非唯一性和不确定性。缺乏足够的专业知识,更致命的是,随意地使用数据而不加以辨识和验证,即使在地震数据和成像质量都非常好的情况下,也容易犯错误。解释人员需要谨慎地使用各种验证手段来判断从数据中引申出来的推论,避免由此带来的勘探开发风险。对解释人员来说,需要努力摆脱地震陷阱,这是常见的专业风险。不过,从陷阱中跳出来也是一项有意义的挑战,总结教训会使人变得更加明智,以便下次不犯同样的错误。

12.3 自然系统的陷阱

尽管地震采集、处理和解释(地震 API)技术已经日臻完善,但是在复杂地质区域仍然会有很多的自然限制因素,这是无法避免的。这种自然条件的限制最终可能会带来无法避免的陷阱。尽管技术已经得到了很大提高,但是需要勘探的地质目标也变得更加复杂了,这包括高度形变的褶皱—冲断带,以及盐体下方和火成岩体下方的勘探目标,其中的构造几何形态、速度的横向变化、复杂的地层形状都会对地震波的传播造成很大的问题,难以准确对这些区域进行成像,因此给勘探事业带来障碍。图 12.8 是一个盐底辟的成像结果,即使这个盐体的构造运动相对简单,但成像的几何形状仍然存在不确定性。我们总是可以很轻易地推翻对这种图像的解释结果,但是受到自然条件的限制,我们又无法确定性地给出盐体的几何形状。这给准确解释盐体侧翼的上倾尖灭圈闭带来了困难,以致无法确定准确的钻探位置。很明显,在确定钻探点时,一个小偏差就会导致错误,这极大地增加了掉入陷阱的可能性。偏移处理可以提高成像质量,但有时也会弄巧成拙,所展现出来的结果反而会使解释人员更加迷惑(见图 12.9)。根据 Kirchhoff 叠前深度偏移图像解释出来的一个盐底辟构造,用射线束叠前深度偏移图像进行解释时却被解释成了竖立的褶皱地层。用两种不同的偏移处理方法得到的图像进行解释的结果也具有明显的区别,那么选取哪一种偏移方法才是正确的呢?很显然,根据本区域典型的地质特征可以判定哪一种解释是合理的,尽管作者本人倾向于盐底辟的解释方案。

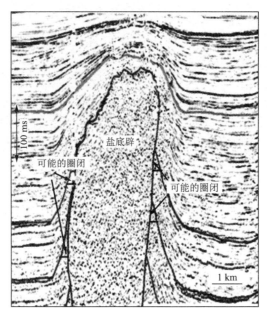

图 12.8　具有耸立状几何形态的盐底辟。盐体的速度比周围岩层高很多,阻碍了地震波的传播,地震成像质量因而很差。无法对盐体内部及侧翼相关的圈闭进行准确成像,因此在与盐体有关的圈闭勘探中易掉入陷阱。注意,圈闭的横向扩展范围不大,一点小的误差就会导致错误。

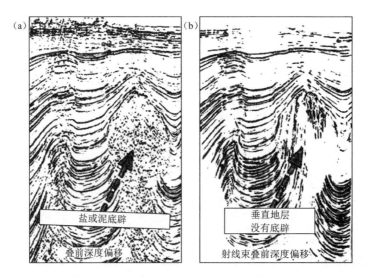

图 12.9　由不恰当的地震数据处理方法所导致的解释陷阱的地震剖面(不按比例)。(a) Kirchhoff 叠前深度偏移剖面;(b) 射线束叠前深度偏移剖面。这两幅剖面所展示的成像结果不同,所展现出来的地质构造也有巨大差别,这为解释带来了困惑。但是区域地质知识有助于辨别解释结果的合理性。

　　图12.10是另外一个落入陷阱的例子。已知火成岩下存在中生代储层(Deccan圈闭,印度中西部Deccan高原为世界上较大的火成岩地区)。依据地震剖面,解释人员认为中生代地层与上覆的火成岩形成了一个角度不整合,从而形成了上倾地层圈闭,据此进行了远景区钻探。但是一直钻到很深也没有遇到这套想象中的中生代沉积地层,而只钻遇到了火成岩。地震剖面中倾斜的地层被证明是巨厚的火成岩内部地层,似乎是由不同期次的火山岩流形成的地层。

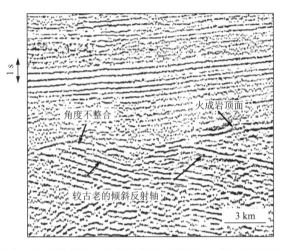

图12.10　火成岩下中生代勘探区解释陷阱的地震剖面。倾斜地层界面最初被解释为中生代远景区地层与上覆火成岩盖层之间的角度不整合面。钻探证实,这些倾斜的反射轴实际上是火成岩内部的反射,可能是不同期次的火成岩地层界面的反射。(得到印度ONGC的许可)

12.3.1　地震波传播的复杂性

　　非均质性和各向异性地质体会扭曲地震波的传播路径,从而影响成像的质量。复杂的地层几何形状和强烈的速度空间变化都是不规则的地下反射界面,会造成成像模糊。地下界面产生的转换波(P-SV)、层间微屈多次波、衰减所带来的能量损失、散射和折射干扰等会进一步使成像失真。裂缝性地层和厚的页岩地层等各向异性地层的速度具有很强的方位依赖性,如果上覆层中存在这种地层就会造成双折射和散射效应,在记录数据中会干扰P波的反射信号。这给叠加速度分析和最终的偏移处理带来了巨大的麻烦,导致成像不准。最重要的一点是,大多数地震数据处理算法都是基于各向同性均质体的假设的,因此对在非均质性和各向异性介质中传播的地震波是无法准确成像的。

12.3.2　时间域的地震数据记录

　　对地震技术体系来说,其最大的缺陷就是地震数据的记录是在时间域的。虽然可以利用速度信息将时间转换成深度,但是速度结构的空间变化仍然是未知的,这为准确的地震深度预测带来了困难。地震记录到的信号及其传播时间等属性在很大程度上是由速度决定的,缺乏速度的准确信息给后续的地质解释带来了巨大的障碍。不过,叠前深度偏移在一定程度上缓解了这个问题。讽刺的是,在不知道速度信息的情况下,叠前深度偏移无法给出准确的答案,而速度信息往往也是从地震数据中推测出来的,这是一个典型的"先有蛋还是先

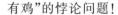

有鸡"的悖论问题!

12.3.3 地质障碍

利用地震属性可以得到地质信息,如岩石和流体的性质及其空间变化情况。但是两种岩性具有相似的地震属性,或者二者的地震差异很小,从而在地震响应中看不出二者的区别,这又该怎么办呢?很显然,即使使用高分辨率的地震反演资料,两种具有相似岩性的地层还是很难辨别出地层界面。其他的困惑可能还包括:(1)绘出的低阻抗地层可能是砂岩储层,也可能是有机质丰富的页岩;(2)一个深层的弱反射或空白反射经钻探后被证实为饱油砂岩;(3)根据地震图像绘出的一大块碳酸盐岩丘体,钻探证实并非是高孔隙的礁体。通常,一个四周闭合的高振幅异常构造总是首选的勘探目标,即便早期这种情况也有很多失利的实例。相反地,对很多不具有构造闭合特征的弱反射或空白反射目标来说,总是在一开始就被排除在钻探目标的行列之外了,这种情况并非少见。

有时,岩性和流体性质的变化对地震反射的影响彼此中和掉了,从而弱化了地震异常特征。例如,在一个年代古老的薄砂岩地层中,孔隙度和油气饱和度的增加会降低阻抗和反射振幅,会抵消掉薄层调谐效应带来的振幅增强效果。另外,地震在浅层对岩性和流体性质的变化较为敏感,能够据此给出地层性质的答案。但是,随着深度的增加,地震敏感性变差,地震数据的质量也变差了,难以对地层及其岩性进行准确的辨识。很明显,在不利的地质环境下即使采集到的地震数据质量很好,很多时候对岩性的预测仍然是没有把握的,这就带来了解释陷阱。

利用多学科的数据信息进行综合解释,加上解释人员的丰富经验和专业知识,在很多情况下都可以避免掉入陷阱,但不会完全消除这一问题。不过,抛开所做的各种测量分析不说,我们不能忘记,在油气勘探领域,成功有时候也是离不开机缘巧合的。

参考文献

1 NANDA N C,WASON A K,2013. Seismic rock physics of bright amplitude oil sands-a case study. CSEG Recoder,38:26-32.

2 NANDA N C,SINGH R,CHOPRA S,2008. Seismic artifacts-a case study. CSEG Recoder,33(2):28-30.

3 TUCKER P M,YORSTON H J,1973. Pitfalls in seismic interpretation// Pitfalls in Seismic Interpretation:monograph series vol 2. Tulsa,Oklahoma:Society of Exploration Geophysicists:1-50.

附　录

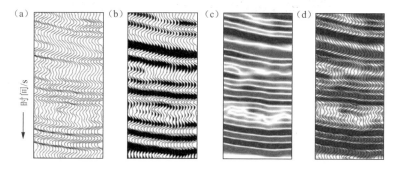

图 2.9　地震数据的显示方式。(a) 波形道;(b) 波形道和变面积同时显示;(c) 变密度;(d) 波形道和变密度同时显示。注意波形道和变面积同时显示模式下,波形变化特征展现得最出色,可以突出反映关键的地质信息。

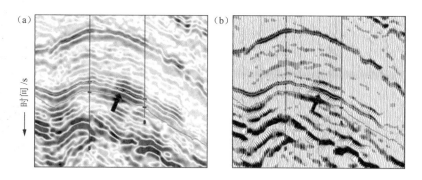

图 2.10　地震数据变密度显示和波形道显示方式的比较。(a)变密度显示时,突出了反射轴及其连续性特征,但缺乏波形变化信息;(b)波形道显示模式下,可以清楚地看到波形的变化(比如箭头标出的波谷),波形的变化隐含了重要的地质信息。(得到印度 Hardy Energy 的许可)

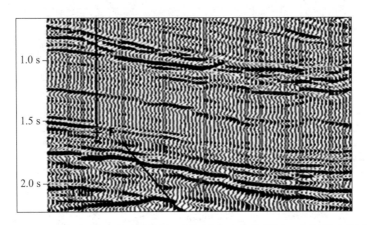

图 3.1 一个在地震剖面中根据反射特征进行层位追踪的例子。在剖面右下角 2.2 s 处识别出了一个上下都被波峰包围的波谷，其振幅和频率给出了这个反射轴的特征。向左上方追踪到一个断层处时，原则上应该停在此处，但可以通过假想法越过这个断层继续向左上方进行追踪。

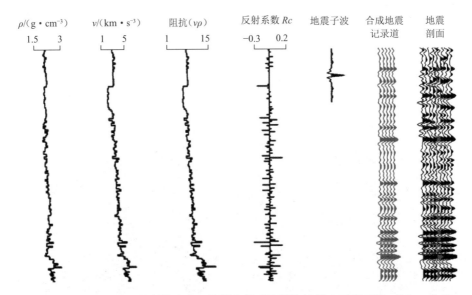

图 3.4 合成地震记录的制作流程。从测井得到的阻抗计算出反射系数，并与一个地震子波进行褶积就可以得到一个合成地震记录，可以将其与实际记录到的地面地震剖面进行匹配对比。(得到位于加拿大 Calgary 的 TGS 所属部门 ASS 的许可)

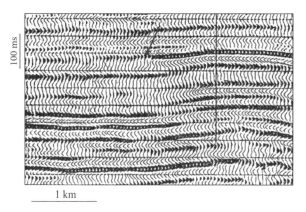

图 3.8　反射特征的改变意味着地震相的空间变化。反射轴的振幅和频率都出现了明显的变化(箭头所指处)，这表示了反射轴连续性的终止。(得到印度 ONGC 的许可)

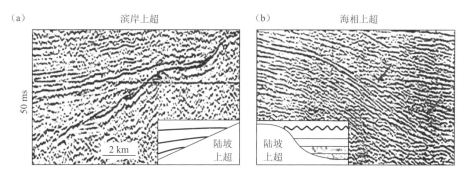

图 3.14　上超的地震剖面。这是一种基底面不整合关系(见插图)。(a)滨岸上超,海浪将陆源碎屑物反推到岸上堆积而成的沉积地层;(b)海相上超,深水相沉积物在陆坡沉积而成。

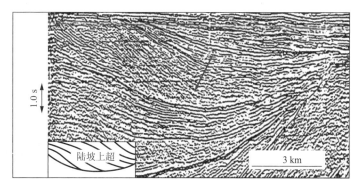

图 3.15　下超的地震剖面。下超(箭头所指)是一种基底面不整合关系(见插图)。

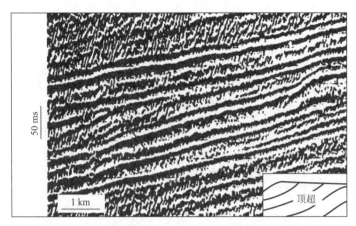

图 3.16　顶超的地震剖面。顶超(箭头所指)是一种顶面的不整合关系(见插图)。

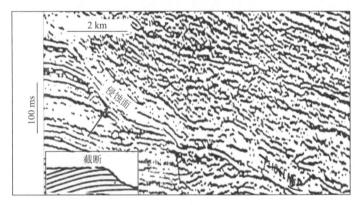

图 3.17　截断的地震剖面。这种顶面不整合是由河谷下切形成的(见插图)。

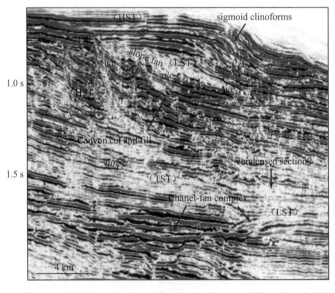

HST—高位体系域,sigmoid clinoforms—S 状斜坡相,slope fan—坡积扇,LST—低位体系域,u/c—不整合面,canyon cut and fill—峡谷下切及充填,chanel-fan complex—河道及扇体复合体,condensed section—浓缩层序,mfs—最大洪泛面

图 3.31　一个根据地震反射模式及地质体的外貌轮廓特征解释地震层序地层体系的典型例子。其中有河道充填沉积、边坡/盆地底部扇体、进积斜坡及下超等。

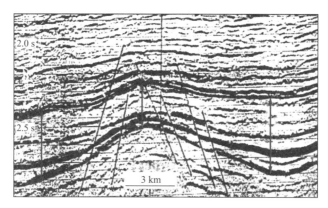

图 4.1　由差异压实所导致的披覆褶皱的地震剖面。沉积在古构造高点上方的地层在压实过程中积聚了拉应力,受地形的控制,古构造高点顶部的沉积层比侧翼的薄。注意越向浅层,背斜构造的起伏高度越小。(得到印度 ONGC 的许可)

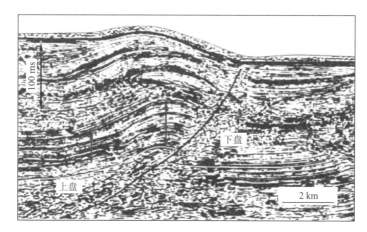

图 4.10　在挤压作用下产生了一个褶皱和一个逆断层的地震剖面。此处褶皱的特征是顶部地层比侧翼地层厚(箭头标记),这与披覆褶皱地层厚度的分布情况是相反的。

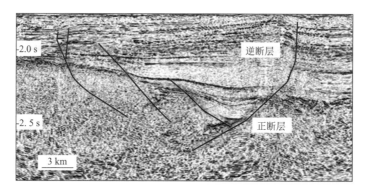

图 4.13　反转断层的地震剖面。早先已经存在了一个正断层,后来在挤压力的作用下又恢复了活动,并在上覆的较新地层中形成了一个逆断层。在挤压力的作用下,老断层的上盘向上运动,但仍未抵消原先正断层的断距。(得到印度 ONGC 的许可)

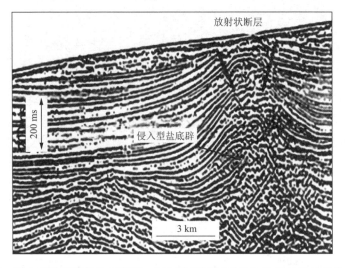

图 4.22　侵入型盐底辟的地震剖面。与上覆层沉积同步生长的盐体并未出露到地表，在其顶部产生了应力集中，从而导致了断层的发生。侵入型盐底辟上方地层中存在典型的放射状断裂构造。

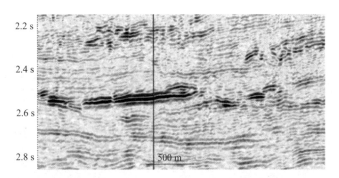

图 6.2　亮点型振幅异常的地震剖面。含气砂岩地层顶面的强负反射构成了 DHI。含气砂岩地层的底面是强的正反射。（图片来自印度 ONGC）

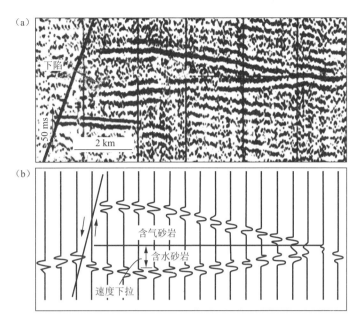

图 6.8 一个通过正演模拟来核实 DHI 真实性的例子。在实际地震记录(a)中,可以观测到,在含气砂岩储层的下方,反射轴出现了"下拉"或"下陷",推测是由含气后砂岩储层的速度降低造成的。图(b)中,通过正演模拟,证实了之前的猜测。(根据Anstey,1977)

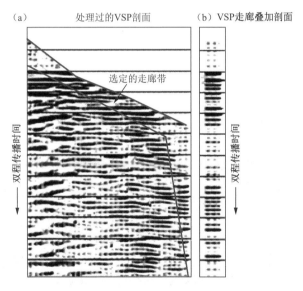

图 7.3 处理过的 VSP 剖面(a)及 VSP 走廊叠加剖面(b)。较深处的反射质量较差,可能是信号较弱或井中存在噪声的缘故。VSP 走廊叠加是在一个人为选定的走廊带内(红色)对部分反射轴进行叠加处理,时间轴是双程传播时间,这样就可用于对地震数据进行校准。(得到印度 ONGC 的许可)

171

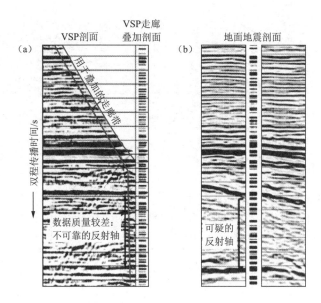

图 7.8 VSP 剖面、VSP 走廊叠加剖面和地面地震剖面的综合显示。注意,在 VSP 剖面及 VSP 走廊叠加剖面的下半部出现了过多的强反射轴,可能是存在噪声从而使数据可靠性出现了问题。(a) VSP 走廊叠加剖面内出现的这些强反射轴在地面地震剖面中没有出现,说明这些反射轴是可疑的;(b) VSP 和地面地震时间没有匹配起来,需要对 VSP 时间进行校正,二者反射轴相位的不匹配也是由于变密度显示模式的不恰当应用引起的。(得到印度 ONGC 的许可)

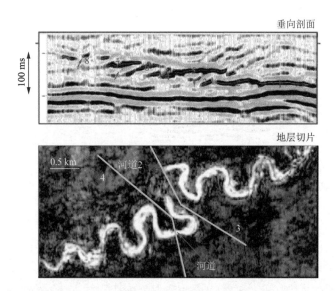

图 8.3 在地震地层切片(层位地震露头)中河流的几何形态得到了清晰的展现。在常规垂向地震剖面中很难识别出河流的形态。(改编自 Kolla 等,2001,图 4 和图 12)

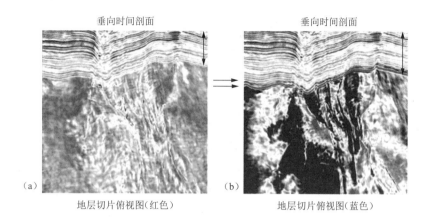

垂向时间剖面 垂向时间剖面

（a） （b）

地层切片俯视图（红色） 地层切片俯视图（蓝色）

图 8.4 以振幅为显示值的地层切片与垂向时间剖面的联合椅式显示。在垂向时间剖面中选出一个红色的层位和一个蓝色的层位（用箭头示意），将这两个地层振幅切片的俯视图与垂直剖面一同展示出来，分别见（a）和（b）。尽管在垂向时间剖面中这两个反射层位的形态看起来很像，在地层的振幅切片俯视图中，二者呈现出明显的区别。（得到位于加拿大 Calgary 的 TGS 所属部门 ASS 的许可）

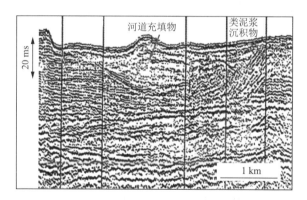

20 ms

河道充填物 类泥浆沉积物

1 km

图 8.6 三维地震用于近海底钻井风险的预警。河道充填物和类泥浆沉积物是非常软的易流动物质，对升降式钻井平台的安装和稳定性来说都是一种潜在的威胁，是安全隐患。（得到印度 ONGC 的许可）

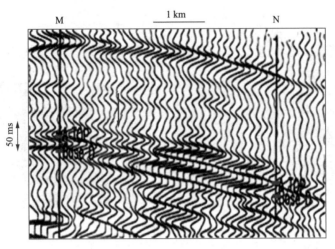

图 8.11　展示储层非均质性的地震剖面。注意在 M 井和 N 井之间，反射波形和振幅的变化（箭头所指），表明地震相存在变化，储层也相应地发生了变化。从测井识别出的储层顶面和底面被标记在地震剖面中。（得到印度 ONGC 的许可）

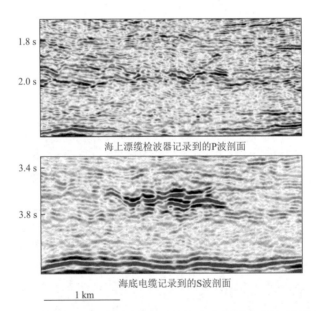

图 9.5　海上漂缆检波器记录到的 P 波剖面与海底电缆记录到的 S 波剖面的对比。与 P 波剖面相比，S 波剖面有其独到之处。在 S 波剖面的中部和底部，地质体的反射特征成像清晰，而常规 P 波剖面则无能为力。（根据 Stewart 等，1999）

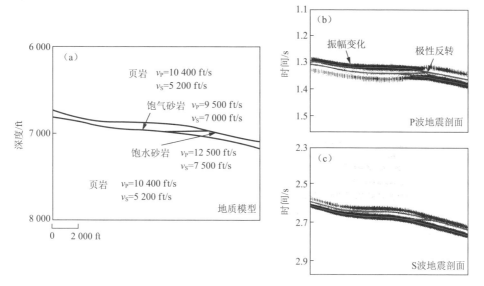

图 9.6 P 波和 S 波的正演模拟。一个含气砂岩地层在 P 波剖面中出现了振幅亮点,利用 S 波振幅可进行佐证。(a) 地质模型;(b) P 波地震剖面;(c) S 波地震剖面。注意,在 P 波地震剖面中,含气砂岩地层出现了高振幅和极性反转,在 S 波地震剖面中则没有出现这种现象,因为 S 波对流体不敏感。(改编自 Ensley,1984)

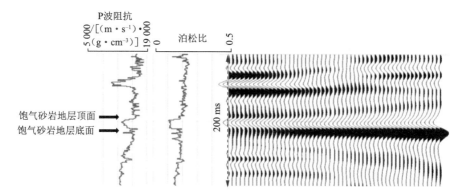

图 9.10 在一个模拟地震道集中振幅随偏移距的变化情况。饱气砂岩地层的 P 波阻抗和泊松比都比较低。随偏移距的增加,其顶面的负反射幅值(波谷)变大,其底面的正反射幅值(波峰)也变大。(得到位于加拿大 Calgary 的 TGS 所属部门 ASS 的许可)

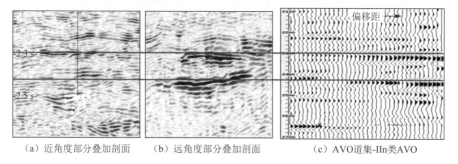

(a) 近角度部分叠加剖面 (b) 远角度部分叠加剖面 (c) AVO道集-IIn类AVO

图 9.11 (a) 小角度部分叠加道集和(b) 大角度部分叠加道集的比较。对这两条红线所标出的地层界面来说,在小角度道集上振幅较弱或无反射,但在大角度道集上却是高振幅,钻探后证实含油。(c) AVO 道集证实了这一振幅异常是 IIn 类 AVO。(得到印度 ONGC 的许可)

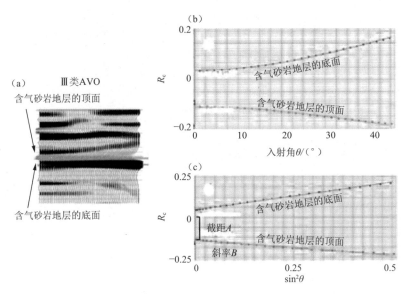

图 9.13　Ⅲ类 AVO 的特性（亮点）。(a) 强振幅反射（砂岩顶面），极性为负且随偏移距的增加幅值变大；(b) 反射系数随入射角 θ 的变化曲线，砂岩底面的反射也一并展示出来了；(c) 反射系数随 $\sin^2\theta$ 的变化曲线，这是一条直线，截距 A 为负值，斜率 B 也为负值。（得到位于加拿大 Calgary 的 TGS 所属部门 ASS 的许可）

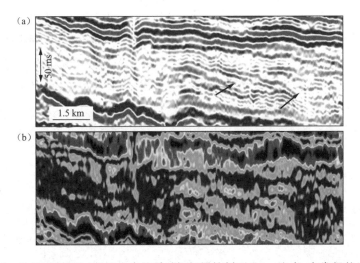

图 10.1　从地震剖面(a)提取出来的瞬时振幅属性剖面(b)。注意，在常规的地震剖面中进积特征是非常明显的（箭头所指），但是在属性剖面中（由于噪声的干扰）进积特征是模糊不清的。（得到位于 Calgary 的 TGS 所属部门 ASS 的许可）

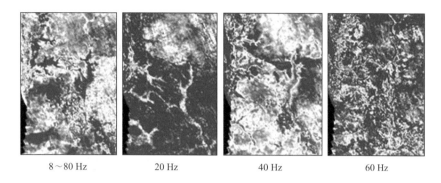

8~80 Hz　　　　20 Hz　　　　40 Hz　　　　60 Hz

图10.3　谱分解(AVF)前后的地层切片。利用不同的频率进行显示,某一个特定厚度的薄层会呈现出不一样的振幅大小,只有在一个特定的频率下才会出现振幅极大值,此时就确定出了这个薄层的调谐厚度。图中的地质特征(一个河道及决口扇复合体)在40 Hz频率下得到了最佳成像,此时也就确定出了这个地层的厚度。(得到位于Calgary的TGS所属部门ASS的许可)

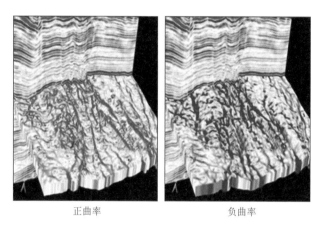

正曲率　　　　　　　　负曲率

图10.6　弯曲地层界面的垂向剖面和俯视图的联合椅状显示。正曲率属性和负曲率属性分别准确地刻画出了隐蔽的褶皱程度较高和较低的构造特征。(得到位于Calgary的TGS所属部门ASS的许可)

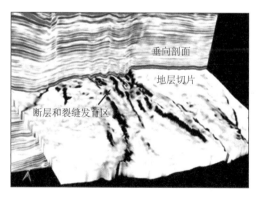

图10.8　常规垂向地震剖面与相干性地层切片的联合椅式显示。地层切片中的白色对应着垂向剖面中较连续的反射。黑色突出显示了垂向剖面中反射连续性较差或无反射的区域,代表断层和裂缝发育区,与垂向剖面的对应关系非常好。(得到位于Calgary的TGS所属部门ASS的许可)

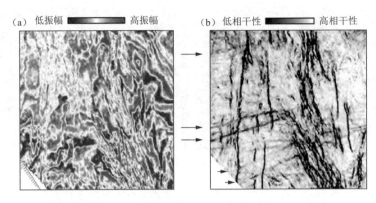

图 10.9 （a）地震时间切片（1392 ms）；（b）对应的相干体时间切片。注意，在相干体时间切片中，断层和裂缝发育区的特征非常清晰，在地震时间切片中却并不明显。对于箭头所指的微幅断层，在地震切片中并没有显现出来。（得到位于 Calgary 的 TGS 所属部门 ASS 的许可）

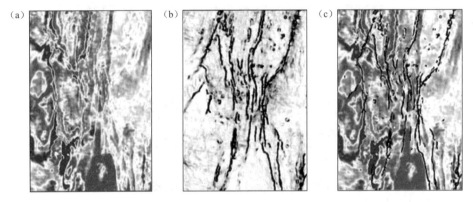

图 10.10 综合显示多种属性切片可有效进行油藏表征。（a）振幅切片；（b）相干体切片；（c）振幅和相干体的叠合切片。其中不连续体（黑色）表示断层和不渗透性障碍体，这有助于进行油藏表征以得到流体的流动模式。（得到位于 Calgary 的 TGS 所属部门 ASS 的许可）

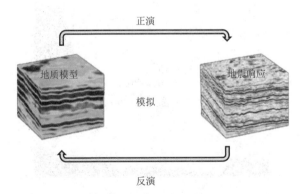

图 11.1 地震模拟的示意图。正演模拟是从地质模型出发得到地震响应，而反演模拟是从已知的地震响应出发得到地质模型。（得到位于 Calgary 的 TGS 所属部门 ASS 的许可）

图 11.2　休斯敦大学的海洋声学物理模拟系统。水槽中安装有定位装置、一个测量设
备和许多接收设备。利用声波发射和接收设备,在水槽内可以模拟海上实验。(图片
得到休斯敦 AGL 的许可)

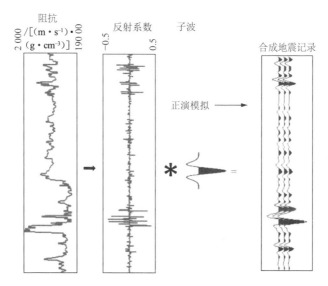

图 11.3　正演模拟的流程图。给定一个地质模型,由此定义出一个反射系数序列,与
一个给定的震源子波进行褶积就得到了地震响应,即合成地震记录。将声波测井曲
线和密度测井曲线相乘就得到了阻抗测井曲线,进行求导计算即可得到反射系数序
列。(得到位于 Calgary 的 TGS 所属部门 ASS 的许可)

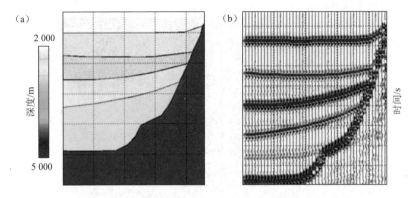

图 11.5 一个二维地震正演模拟的例子。(a)深度域的地质模型,给出了与盐底辟相邻的地层;(b)从模型中计算得到的地震响应。制作这样的地质模型并计算其响应时间、振幅以及底辟侧翼和相邻地层的反射几何形态有助于理解真实的地震记录。底辟侧翼的上部,由于地层变陡,成像质量较差。(得到位于 Calgary 的 TGS 所属部门 ASS 的许可)

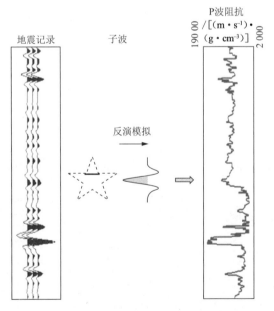

图 11.8 地震反演模拟的工作流程图。实际上是制作合成地震记录的逆过程。地震正演模拟是从地质模型出发得出地震响应,地震反演模拟是从地震响应出发得出地质模型。(得到位于 Calgary 的 TGS 所属部门 ASS 的许可)

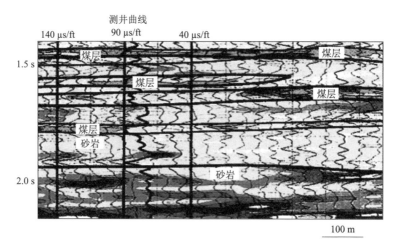

图 11.9　层速度反演示例。将地震道转换成"地震测井道"，其中地震振幅被反演成
了层速度。反演结果中的每一个地震道都好像是一个声波测井曲线道，因此地层性
质的解释变得更加便捷而准确。反演速度与井中得到的声波测井曲线（黑色粗线）具
有完美的一致性。（根据 Mummery，1988）

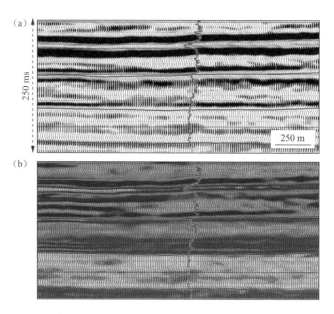

图 11.11　叠后地震剖面和声阻抗剖面的比较。声阻抗剖面（b）是从叠后地震剖面
（a）中反演得来的。将测井得到的声阻抗曲线插入两幅剖面中进行验证，可以看到与
反演得到的阻抗具有较好的一致性。在声阻抗剖面中，薄层的横向变化特征非常清
晰，预测起来也更有把握。（得到位于 Calgary 的 TGS 所属部门 ASS 的许可）

图 12.1　简单地质背景下的地震剖面。地震剖面能够反映地下地层的几何构造形态，解释起来也比较简单直接。（得到印度 ONGC 的许可）

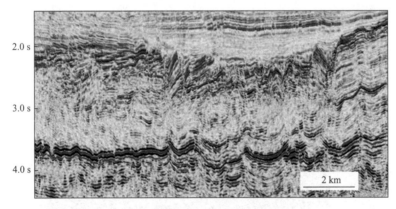

图 12.2　复杂构造形变地区的地震剖面。尽管当前的采集处理技术能够保证高质量的成像结果，但是地质解释仍然非常困难。可靠的地震解释依赖于解释人员的专业知识、经验和对沉积体系和构造类型的掌握程度。

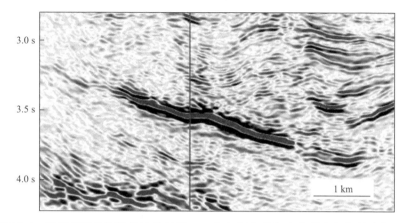

图 12.3　高振幅异常陷阱的地震剖面。一个表面上看起来像是高振幅异常的地层被证实为一个侵入岩地层。(得到印度 ONGC 的许可)

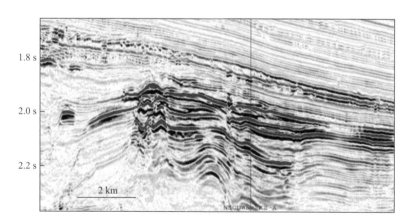

图 12.4　与振幅有关的陷阱的地震剖面。根据这些振幅异常而将其解释为海相河道充填含气砂岩,钻探后被证实为泥质充填。这些高振幅值实际上可能是由泥岩内部的密度差异而引起的。(得到印度 ONGC 的许可)

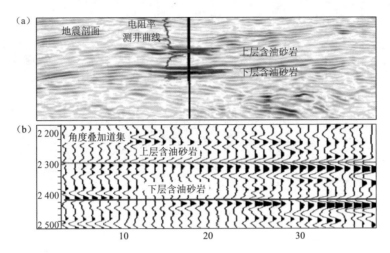

图 12.5　根据亮点预测为含气的储层在钻探后被证实为含油。(a)展示含油砂岩所对应的高振幅异常(红色,负极性)的地震剖面;(b)展示两个含油地层顶面Ⅱn类AVO异常的角度叠加道集。注意,在近偏移距时,上部的含油地层的反射振幅很微弱,而下部的几乎为零,尽管在叠后地震剖面中,两个地层展现出了相似的高振幅异常。(得到印度 ONGC 的许可)。

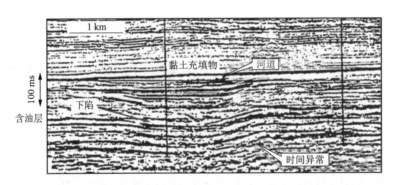

图 12.7　速度陷阱("时间异常")的地震剖面。储层顶面的实际深度比地震显示的更浅一些,实际储量因而会更大一些。储层之上具有河道的外貌,内部则是平行的反射形态,一般反映的是低速黏土充填物。河道内的低速沉积岩使下方的储层反射出现了"下陷"效应。(得到印度 ONGC 的许可)